Eberhard Urban

Segelschiffe

KOMET

www. komet-verlag.de
Covermotiv: Star Clipper und Star Flyer,
Rückseite: Royal Clipper
Bildauswahl und Text: Eberhard Urban
Gesamtherstellung:
KOMET Verlag GmbH, Köln
ISBN 978-3-89836-744-8

Inhaltsverzeichnis

Zu diesem Buch

Segelschiffe erwecken die Sehnsucht, mit vollen Segeln vor dem Wind übers Meer zu gleiten, zu anderen Küsten hinterm Horizont zu fahren, Abenteuer zu erleben.

Solche Träume lassen sich erfüllen. Moderne und elegante Kreuzfahrtschiffe unter Segeln laden zu nostalgischen Seefahrten ein. Auf Schulschiffen, früheren Frachtern oder zu Segelschiffen umgebauten Fahrzeugen können die Gäste selbst Hand anlegen und sich als Fahrensleute fühlen.

Bei den großen internationalen Sail-Veranstaltungen treffen sich Segelschiffe aus aller Welt. Tausende Menschen strömen zusammen, die großen und kleinen Schiffe zu bestaunen, zur Besichtigung an Bord zu gehen und vielleicht einen Tagestörn unter Segeln auf einem historischen Schiff zu erleben.

Die Geschichte der Seefahrt ist jahrtausendelang die der Segelschiffe. Mit ihrer Hilfe erkundeten die Menschen die Erde, entdeckten und eroberten neue Welten, besiedelten entlegene Inseln und Kontinente wie die Eilande der Südsee und Australien, trieben Handel und pflegten kulturellen Austausch.

Wer im 19. Jahrhundert glaubte, die modernen Dampfer bedeuteten das Ende der stolzen Segler, hatte sich getäuscht. Die große Zeit der Segelschiffe ist nie zu Ende gegangen. In unserer Zeit, in der dem Schutz der Meere und der gesamten Welt die gebührende Aufmerksamkeit gilt, werden neue Konzepte und Technologien für neuartige Typen von Segelschiffen erprobt.

Von den ersten Segelschiffen bis zu denen der Zukunft erzählt dieses Buch in Bildern und Texten.

Die Bark „Rickmer Rickmers", 1896 in Bremerhaven gebaut, wurde 1916 von Portugal übernommen, war das Schulschiff „Sagres", wurde 1983 vom Verein „Windjammer für Hamburg" erworben und liegt als Museumsschiff im Hamburger Hafen.

Mit „Ra II“, dem Nachbau eines ägyptischen Papyrusboots, erbrachte der norwegische Forscher Thor Heyerdahl 1970 den Nachweis, dass vor 3500 Jahren vom Mittelmeer aus über den Atlantik hinweg Amerika erreicht werden konnte.

Segelschiffe des Altertums

Die ersten Wasserfahrzeuge waren treibende Baumstämme, die später zu Flößen zusammengebunden wurden. Ein ausgehöhlter Baumstamm als Boot wird Einbaum genannt. Zwei miteinander verbundene Einbäume ergeben einen Katamaran. In Ägypten, in Mesopotamien wie auch in Südamerika wurden Flöße und Boote aus Schilfbündeln gefertigt, in anderen Regionen der Welt aus Rinde oder Tierfellen über ein Gerüst aus Ästen. Alle diese urzeitlichen Fahrzeuge wurden gerudert. Sie erhielten später Segel, um leichter auf den Flüssen und Seen, in Küstennähe und über die Meere zu fahren. Die ersten Segelschiffe waren vor über 7000 Jahren in Fahrt.

Diese Schiffe waren noch Papyrusboote. Der Schiffbau aus einzelnen Brettern, den Planken, ist seit etwa 6000 Jahren gebräuchlich.

Rund ums Mittelmeer und im Vorderen Orient entstanden wie in Asien zu prähistorischer Zeit verschiedene Hochkulturen, von denen – wie auf Malta und Sardinien – nur geheimnisvolle Bauwerke Zeugnis ablegen. Diese Völker müssen der Seefahrt kundig gewesen sein. Erst seit den ägyptischen Pharaonen sind Bilder und Modelle von Booten und Schiffen überliefert. Von den Schriftstellern der Antike gibt es zudem Beschreibungen, so dass sich eine Vorstellung des damaligen Schiffbaus ergibt.

Durch die Konkurrenz der Mittelmeer-Staaten – Ägypten, Phönizien, das phönizische Karthago, die verschiedenen griechischen Staaten und schließlich Rom – und die daraus resultierenden Kriege um die Vorherrschaft, fand die Technik des Schiffbaus eine stetige Entwicklung.

Zu diesen Staaten gesellten sich noch die Seevölker, eine ägyptische zusammenfassende Bezeichnung für verschiedene Stämme aus der Ägäis, die vom 13. bis 12. Jahrhundert v. Chr. mal als Feinde und dann als Verbündete des Pharaonenlandes auftraten. Ihre bedeutenden Kenntnisse des Schiffbaus übertrugen sich auch auf die anderen antiken Seemächte.

Dominique Görlitz, Erforscher prähistorischer Schiffbautechnik, hat sich 2001 von den Aymara-Indianern am Titicacasee in der Technik, die schon seit 6000 Jahren geübt wird, ein Schilfboot bauen lassen. Es ist sein zweites Boot dieser Art. Es ist 12 Meter lang und trägt ein Segel von 60 Quadratmetern, wird mit Seitenschwertern, großen seitlichen Rudern, gesteuert und kann so gegen den Wind kreuzen. Mit dieser „Abora 2“, nach einer antiken Gottheit benannt, begann Görlitz mit seiner internationalen Crew am 17. Mai 2002 eine Rundreise durch das östliche Mittelmeer von Alexandria über Beirut nach Larnaka und Limassol auf Zypern und zurück zum ägyptischen Ausgangshafen. 61 Tage dauerte die 2150 Kilometer lange Fahrt.

Somit war der Beweis erbracht, dass vor etwa 6000 Jahren der Waren- und Kulturaustausch übers Meer möglich war.

2007 hat Görlitz mit der „Abora 3“ den Atlantik von West nach Ost überquert.

Das Schilfboot „Abora 2“, eine Rekonstruktion, kreuzt wie vor über 6000 Jahren im Mittelmeer.

Vor 5000 Jahren bauten die Sumerer an den Ufern von Euphrat und Tigris Flöße und Boote aus Schilfrohr. Dank der Segeltechnik konnten sie nicht nur die Flüsse des Zweistromlands befahren. Der Norweger Thor Heyerdahl, der schon 1947 auf die Seeverbindung zwischen Südamerika und Polynesien mit seinem Inkaboot-Nachbau „Kon-Tiki" (siehe Seite 23) hingewiesen hatte, ließ 1977 ein solches sumerisches Segelboot nachbauen. Mit dieser „Tigris", 18 Meter lang und mit zwei Segeln ausgestattet, fuhr er mit seiner Mannschaft durch den Persischen Golf, segelte nach Pakistan, dann nach Westen zum Roten Meer. Die Aufsehen erregende Fahrt der „Tigris" fand ihren Abschluss in der Verbrennung des Boots aus Protest gegen den in Äthiopien wütenden Krieg.

Die Reise der „Tigris" bewies, dass auch zwischen den frühen Hochkulturen von Babylonien, am Indus, in Südarabien – dem späteren Reich der Königin von Saba – und in Afrika über lange Zeiten Verbindungen bestanden, die von arabischen Seefahrern fortgeführt wurden.

Die „Tigris" ist eine Rekonstruktion eines 5000 Jahre alten sumerischen seegehenden Schilfboots.

Die Schifffahrt im Ägypten der Pharaonen war nicht nur auf den Nil beschränkt. Fahrten übers Mittelmeer und durch das Rote Meer waren üblich, weitere Fahrten wahrscheinlich. Und Reisen über den Atlantik bis nach Mittelamerika lassen sich zwar nicht nachweisen, sind aber seit den besegelten Schilfbooten, die Heyerdahl und Görlitz rekonstruiert haben, möglich gewesen.

Überliefert sind Nachrichten von den Seereisen, die Königin Hatschepsut befohlen hatte. Die Tochter Thutmosis I. und Gemahlin ihres Stiefbruders Thutmosis II. regierte von 1490 bis 1468 v. Chr. Sie ließ seegehende Holzschiffe bauen, deren starke Kielplanken zu hohen Vorsteven und zu Lotosblüten ausgebildeten Hintersteven geformt waren. Jedes Schiff, bis 30 Meter lang, war mit einem großen Rahsegel ausgestattet und erhielt weiteren Antrieb durch die bis zu 30 Ruderer.

Hatschepsuts Flotte segelte zum Land Punt, dem heutigen Somalia, um Luxusgüter wie Gold, Elfenbein, Ebenholz, auch Affen und Windhunde nach Ägypten zu bringen.

Ein seegehendes hölzernes Segelschiff der Flotte Königin Hatschepsuts um 1490 v. Chr.

Neben der Anfertigung von Schilf- beziehungsweise Papyrusbooten wurde seit der Zeit um 2400 v. Chr. in Ägypten der Bau hölzerner Boote betrieben, die zunächst auf dem Nil fuhren, dann auch über die Meere. Das Bild zeigt ein etwa 12 Meter langes Ruderboot aus Holz, das als zusätzlichen Antrieb ein Rahsegel gesetzt hat. Solche Boote wurden im Fracht- und Personenverkehr und im Kampf eingesetzt. Diese Darstellung ist Teil eines Wandgemäldes, in dem geschildert wird, wie Senefer, Vorsteher Thebens in der Zeit des Pharao Amenophis II., sich zusammen mit seiner Frau zu einer Osiris-Pilgerstätte fahren lässt. Das Paar sitzt in einem Papyrusboot, das von diesem Holzboot geschleppt wird.

Wie wichtig die Schifffahrt für Ägypten war, zeigt sich auch in den Schiffsmodellen, die als Grabbeigaben gefertigt wurden. Das große Cheops-Schiff, das neben der Pyramide gefunden wurde und das älteste erhaltene Schiff der Welt ist, sollte den toten Herrscher ins Jenseits bringen.

Ägyptisches Nilboot aus Holz mit Ruder- und Segelantrieb, um 1430 v. Chr.

Die verschiedenen Völker und Stämme der Ägäis, wohl auch die aus dem westlichen Mittelmeer, auch die Nachkommen älterer untergegangener Reiche, durch Bündnisse manchmal verbunden, sind nur durch Nachrichten aus dem pharaonischen Ägypten als Seevölker bekannt. Diese Seefahrer drangen seit dem 13. Jahrhundert ins Nildelta vor und gegen die Küsten Syriens und Palästinas. Im 12. Jahrhundert waren die Seevölker Verbündete Ägyptens. Als sie wiederum das Pharaonenreich bedrängten, wurden sie von Ramses III. 1175 v. Chr. besiegt und gingen in den Völkern der Region auf.

Ein Schiff der Seevölker aus der Zeit um 1200 v. Chr. Es war etwa 15 Meter lang und hatte Ruder- und Segelantrieb.

Die semitischen Kanaanäer, wegen ihres begehrten Purpurstoffs von den Griechen Phönizier, „die Roten“, genannt, siedelten an der syrisch-israelischen Küste und bildeten Stadtstaaten. Sie gründeten über Karthago in Nordafrika bis Cádiz an der spanischen Atlantikküste Handelskolonien. Die Stadtfürsten an der Ostküste des Mittelmeers mussten sich im 9. Jahrhundert v. Chr. den Assyrern unterwerfen. In deren Diensten standen nun die tüchtigen phönizischen Schiffe. Die Lastschiffe (Gauloi) und Kriegsschiffe (Hippoi, Kriegspferde) waren Galeeren mit Segel- und Ruderantrieb. Um 500 v. Chr. umrundeten die Phönizier im Auftrag des Pharao Necho II. Afrika.

Ein etwa 30 Meter langes phönizisches Kriegsschiff mit Rammsporn, um 900 v. Chr.

Das Bild auf einer attischen Schale aus der Zeit um 540 v. Chr. zeigt Dionysos, den griechischen Gott des Weins und der Ekstase, der übers Meer gekommen war und als Begründer der griechischen Schifffahrt gilt. Als ihn einmal Seeräuber gefangen genommen hatten, wuchs aus dem Schiff ein Weinstock empor, die Piraten sprangen vor Furcht über Bord und verwandelten sich in Delfine.

Das Schiff auf der Schale stellt eine Diere dar, eine Weiterentwicklung der besegelten Ruderschiffe der Seevölker und Phönizier. Es hat zwei übereinander liegende Riemenreihen und ist etwa 25 Meter lang. Der Rammsporn weist es als Kriegsschiff aus. Die beiden Seitenruder am Heck dienen zum Steuern.

Griechische Diere aus der Zeit um 540 v. Chr.

Die bildliche Rekonstruktion einer griechischen Diere zeigt die Bauweise mit zwei übereinander liegenden Riemenreihen, den beiden seitlichen Rudern am Heck und dem Rammsporn am Bug.

Bei günstigem Wind wurde der Mast aufgestellt und das große Segel aufgeheißt.

Seit etwa 700 v. Chr. wurde dieser Schiffstyp entwickelt. Um 480 v. Chr. schuf zur Zeit des athenischen Feldherrn Themistokles der aus Korinth stammende Schiffbauer Amenokles die neuartige Triere mit drei übereinander liegenden Riemenreihen. Eine Flotte solcher Schiffe besiegte bei Salamis die Perser. Athen wurde zur Vormacht im östlichen Mittelmeer.

Griechische Diere für 32 Ruderer und mit Besegelung, um 500 v. Chr.

Karthago, um 750 v. Chr. von Phöniziern gegründet, entwickelte sich zur vorherrschenden Seemacht im Mittelmeer. Karthagische Schiff fuhren durch die Säulen des Herkules bei Gibraltar hinaus auf den Atlantik. Die Karthager, von den Römern Punier genannt, hatten Niederlassungen auf Sizilien und Sardinien, an den Küsten Galliens und Spaniens, an der Nord- und Westküste Afrikas. Als größte Handelsmacht des Mittelmeers mit einer großen Flotte von Frachtseglern und besegelten Galeeren musste Karthago zum Gegner des aufstrebenden Roms werden.

So wurde Rom, bislang eine Großmacht zu Lande, gezwungen, eine starke Kriegsflotte aufzubauen.

Ein etwa 30 Meter langer Frachtsegler aus Karthago, um 250 v. Chr.

Römische Trireme, etwa 55 Meter lang, mit Segeln an zwei Masten, um 250 v. Chr.

Nach dem Vorbild der griechischen Trieren bauten die Römer ihre schlagkräftigen Triremen und setzten bald neue Maßstäbe im Schiffbau. Diese Kampfmaschinen, oft mit Gefechtstürmen ausgerüstet, wurden von 264 bis 146 v. Chr. in den drei Punischen Kriegen gegen Karthago eingesetzt. Neuartig war die breite Enterbrücke mit großem Dorn, der sich in das Deck des Gegners bohrte. Die römischen Soldaten stürmten hinüber und eroberten das feindliche Schiff. Nach dem Niedergang Griechenlands und der Niederlage des einst mächtigen Karthago war Rom die unbestrittene Seemacht im gesamten Mittelmeer. Mit einer großen Flotte von Handelsschiffen wurden Nahrungsmittel und Luxusgüter aus den Kolonien und abhängigen Ländern nach Rom geschafft. Mit einer starken Flotte von Kriegsschiffen sicherte das Römische Imperium im Mittelmeer seine Macht.

Um die Warenmengen für die Hauptstadt des Römischen Imperiums anlanden und umschlagen zu können, wurde seit dem 1. Jahrhundert n. Chr. der Hafen von Ostia ausgebaut. Der Typ des breiten, behäbigen Frachtseglers, der in großer Anzahl Ostia ansteuerte, wurde Corbita genannt (nach dem lateinischen Wort *corbis*, Korb). Durch Reliefs in Pompeji und in Ostia, die diesen Schiffstyp darstellen, ist überliefert, dass seine Bauweise über 300 Jahre lang gleich geblieben ist. Nur die Größe und das Ladevermögen wuchs im Lauf der Zeit. Charakteristisch ist der Hintersteven, der als schmückender Schwanenhals durch das Heck des Anderthalbmasters geführt wurde.

Corbita, römischer Frachtsegler, etwa 30 Meter lang, um 250 n. Chr.

Auf Rhein, Main, Donau und den großen Nebenflüssen waren zur Römerzeit Lastkähne und mit Soldaten besetzte schnelle Kriegsschiffe im Einsatz.

Im antiken Hafenbereich der Stadt Mainz wurden 1981 Reste von Schiffen der Römischen Rheinflotte entdeckt. Die sensationellen Funde erlaubten eine genaue Vorstellung der römischen Binnenschifffahrt. Die antiken Reste, die im *Museum für Antike Schifffahrt* in Mainz ausgestellt sind, waren Vorbilder für wissenschaftlich gefertigte Modelle und Nachbauten, die ebenfalls im Museum zu besichtigen sind.

Der Nachbau 1 zum Beispiel ist ein schnelles Fluss-Ruderschiff von 21,6 Meter Länge für 32 Mann an den Riemen, die zugleich Soldaten waren. Bei günstigem Wind konnte ein großes Segel gesetzt und von zwei Mann bedient werden. Der Steuermann war der Kommandant des Patrouillenboots. Ein weiterer Nachbau dieses Boots wurde an der Universität Regensburg gefertigt und ist auf Donau, Main und Rhein unterwegs.

Navis lusoria, Nachbau eines römischen Flussschiffs aus der Zeit um 400 n. Chr.

„Havhingsten“ (Seehecht) heißt der Nachbau eines hochseetüchtigen Wikingerschiffs aus der Zeit um das Jahr 1000.

Mit Segeln durchs Mittelalter

Der Zerfall des Weströmischen Reichs vollendete sich im Sturm der Völkerwanderungen, die vom 4. bis zum 6. Jahrhundert andauerten. Bis zum Jahr 712 hatten sich die Araber vom Orient über Nordafrika bis nach Spanien ausgebreitet. Diese Verschiebungen der Völker erfolgten auch über See.

In Nord- und Westeuropa entwickelte sich der Schiffbau unter dem Einluss der Wikinger, die mit ihren schnellen Schiffen bis ins Mittelmeer, nach Russland und über den Ozean fuhren, in Südeuropa unter dem der Araber, die mit ihren tüchtigen Schiffen in den Fernen Osten vorstießen.

Die wichtigste Erfindung des mittelalterlichen Schiffbaus war im 12. Jahrhundert das Heckruder, das in Arabien und China schon länger in Gebrauch war. Diese neue Technik, ein Schiff zu steuern, verdrängte die Seitenruder, die bislang gebräuchlich waren.

Die Schifffahrt im südlichen Mittelmeer war von Palästina bis Spanien von den Arabern dominiert. Die italienischen Stadtrepubliken wie Genua, Pisa, Amalfi und Venedig wurden durch den Fernhandel reich. Ihre Flotten bestanden anfänglich aus Rudergaleeren, die besegelt waren wie die antiken Vorbilder.

Im Norden und Westen Europas beherrschte die Hanse Wirtschaft und Politik. Die Hanse war ein Zusammenschluss privilegierter Kaufmannsgenossenschaften. Die Eroberung der westslawischen Gebiete durch den Deutschen Orden beförderte den Warenhandel in der Ostsee. Im 12. Jahrhundert wurden Hansekontore von Nowgorod, Smolensk über das norwegische Bergen und das belgische Brügge bis nach London eröffnet. 1356 wurde die Hanse zum förmlichen Städtebündnis, dem etwa 70 Städte angehörten. Unter der Führung Lübecks war die Hanse die führende Macht im Ost- und Nordseeraum. Sie führte Kriege und errang ein Mitspracherecht bei der dänischen Thronfolge.

Gegen Ende des 15. Jahrhunderts, als die Neuzeit begann, erfolgte der Niedergang der Hanse.

Von Europa unabhängig entwickelte sich der Schiffbau in Asien – von Arabien bis nach Japan. Verschiedene ursprüngliche Schiffstypen haben sich über viele Jahrhunderte erhalten. Wenige Zeugnisse künden von der frühen Schifffahrt des Fernen Ostens, eine für die Europäer noch unentdecke Welt. Ein Relief in Java zeigt zum Beispiel einen Frachtsegler aus der Zeit um das Jahr 700. Schiffe dieses Typs verkehrten zwischen den Inseln und Ländern im Gebiet von Indien, Indonesien, Australien und China, wie diese Länder und der Südkontinent erst später genannt wurden.

Bemerkenswert beim Java-Schiff ist der Ausleger. Dieses Bauteil ist von den Auslegerbooten und Katamaranen übernommen. Der hintere Mast des Seglers ist kleiner als der vordere; diese Bauweise zeigt Verwandtschaft mit dem arabischen Schiffstyp der Dau.

Ein etwa 20 Meter langer zweimastiger Frachtsegler mit Seitenruder von der Insel Java aus der Zeit um 700.

Während die Wikinger um das Jahr 1000 bis nach Nordamerika segelten, gelangten die Inka mit ihren Flößen, die aus dem leichten Holz des Balsabaums gebaut und mit einem großen Segel am Mast ausgestattet waren, über den Pazifischen Ozean bis nach Polynesien und zu den Osterinseln.

Diese Möglichkeit des Kultur- und Warenaustauschs und der Besiedelung ferner Inseln von Südamerika aus bewies der norwegische Forscher Thor Heyerdahl. Er ließ sich von peruanischen Indianern das 12 Meter lange Balsafloß „Kon-Tiki" bauen und segelte zusammen mit fünf anderen Forschern 1947 von Peru nach Raroia auf Tahiti. Für die 4300 Seemeilen benötigte „Kon-Tiki" drei Monate.

1970 segelte Heyerdahl mit „Ra II", dem Nachbau eines ägyptischen Papyrusboots aus der Zeit um 1500 v. Chr., vom Mittelmeer nach Mittelamerika. 1978 fuhr er mit dem besegelten Schilfrohrboot „Tigris" vom Persischen Golf nach Afrika.

Die „Kon-Tiki" ist der Nachbau eines Balsafloßes aus der Zeit um das Jahr 1000 und wird im Kon-Tiki-Museum in Oslo, Norwegen, aufbewahrt.

Aus dem Norden Europas kamen die Wikinger, auch Nordmannen oder Normannen genannt. Mit ihren schlanken Booten, die gerudert und gesegelt wurden, stießen sie seit dem 8. Jahrhundert an die Küsten des Frankischen Reichs, Englands und Irlands, fuhren die großen Flüsse hinauf, setzten sich fest. 911 erhielten die Normannen die Normandie als Lehen. Von hier aus überquerten sie unter Führung Wilhelms des Eroberers 1066 den Kanal und unterwarfen das Land der Angeln und Sachsen, die im 5. Jahrhundert von Norddeutschland und Dänemark aus das Land erobert hatten.

Ein Normannenschiff vom 70 Meter langen Teppich von Bayeux, der die Vorbereitung, Landung und Eroberung Englands 1066 schildert.

Die Normannenschiffe ähnelten zunächst den skandinavischen Langschiffen, mit denen Island, Grönland und ums Jahr 1000 Nordamerika angefahren wurden. Aber sie wurden allein durch Segel angetrieben.

Zur Flotte Wilhelms des Eroberers sollen 3000 Schiffe und Boote gehört haben, mit denen 30 000 Menschen und 2000 Pferde von der Normandie nach England übergesetzt wurden. Aus dieser Zeit stammt auch ein neuer Typ des Normannenschiffs, eine gedeckte Weiterentwicklung des Wikingerschiffs. Etwa 18 Meter lang, wurde es nur mit einem großen Segel angetrieben und nicht mehr gerudert. Es konnte Soldaten, Pferde, Waffen und Waren mit sich führen. Zusätzlich wurden an Vor- und Achterschiff Kastelle errichtet, die der besseren Verteidigung dienten und das Entern feindlicher Schiffe erleichterten.

Die Normannen segelten zu Beginn des 11. Jahrhunderts auch ins Mittelmeer. In Sizilien und Unteritalien verdrängten sie die langobardischen, byzantinischen und arabischen Herrscher und schufen 1130 das Königreich Sizilien, das durch familiäre Verbindungen 1194 an die schwäbischen Staufer überging. Unter Kaiser Friedrich II., Enkel der Normannen und der Staufer, wurde das Land zum modernsten Verwaltungs- und Kulturstaat seiner Zeit.

Die grafische Rekonstruktion zeigt die Bauweise eines Normannenschiffs seit dem 11. Jahrhundert.

Die Dau ist der Grundtyp der arabischen Schiffe mit den vielen Unterarten und in unterschiedlichen Größen. Der Ursprung reicht etwa 2000 Jahre zurück. Charakteristisch ist der lange Vorsteven bei kurzem Kiel; bei Schiffen mit zwei Masten, die meist stark nach vorn geneigt waren, war meist der hintere Mast der kleinere, und nicht wie in Europa üblich der Großmast. Die Segel waren die typischen Trapezsegel an langen, schrägstehenden Rahen. Bei starkem Wind wurden die Segel abgeschlagen und kleinere Segel gesetzt.

Die Daus segelten im Handelsverkehr, manchmal auch als gefürchtete Kriegs- oder Piratenschiffe, zwischen Indien im Osten und Sansibar und dem Roten Meer im Westen – jeweils in der Windrichtung des Monsuns. Ein arabisches Sprichwort sagt: „Niemand außer Verrückten und Christen segelt gegen den Wind."

Noch in unserer Zeit werden an den Küsten arabischer Länder die schnellsegelnden Daus gebaut.

Eine Dau, abgebildet in einer arabischen Handschrift des 12. Jahrhunderts. Besonders bemerkenswert ist das Heckruder des Schiffs.

Der italienische Handel wurde vor allem über die oberitalienischen Fernstraßen und die Stadtrepubliken und Städtebündnisse wie Venedig, Genua, Pisa und Amalfi getätigt, die reich wurden, untereinander konkurrierten und sich bekriegten. Venedig hatte im östlichen Mittelmeer nur einen Konkurrenten, das Reich von Byzanz. Als sich anlässlich des vierten Kreuzzugs 1204 die Kreuzfahrer in Venedig gesammelt hatten, konnten sie die Überfahrt nach Palästina nicht bezahlen. Die Stadt war großzügig, nahm das Heer in Dienst, schickte es aber nicht ins Heilige Land, sondern ließ das christliche Konstantinopel erobern und plündern. Die Handelsinteressen waren stärker als die Religion.

Jetzt beherrschte Venedig den Orienthandel. Über die Pfefferstraße kamen auf den Schiffen der Araber von den Häfen Chinas und Ceylons durch das Rote Meer die begehrten Gewürze, wurden auf Karawanenstraßen nach Alexandria transportiert, von den venezianischen Frachtseglern übernommen und zu den Handelsplätzen Europas verschifft.

Die Frachter segelten bis hinauf nach England, von wo sie mit Pelzen beladen wieder nach Venedig, der reichen Republik von San Marco, zurückkehrten.

Venezianischer Frachtsegler aus der Zeit um 1250, eine Weiterentwicklung der römischen Transportschiffe unter dem Einfluss der Normannenschiffe.

Als Handels- und als Kriegsschiffe waren die Galeeren unabhängig von widrigen Winden oder Flauten. Der Antrieb durch Galeerensklaven wurde ergänzt durch die großen Segel.

Nachdem Venedig über das mächtige Genua 1379 triumphiert hatte, beherrschte die Lagunenstadt den Mittelmeerhandel. Die venezianischen Galeeren und anderen Kauffahrteischiffe trieben Handel bis nach Flandern und Britannien im Westen, bis ins Schwarze Meer im Osten.

Venedig zählte im Jahr 1423 insgesamt 45 Kriegsgaleeren mit 11 000 Mann und 3300 Handelsschiffe mit 25 000 Mann Besatzung.

Die mit zwei Segeln ausgestattete venezianische Galeere – hier „Nostra Senora", Baujahr 1275 – ist eine Weiterentwicklung der antiken Galeeren.

Die Kenntnis von manchen mittelalterlichen Schiffen ist nur deren Abbildungen auf den damaligen Stadtsiegeln zu verdanken, die wichtige Quellen für die Geschichte des Schiffbaus sind. So zeigt das Siegel der englischen Stadt Sandwich einen etwa 20 Meter langen Lastsegler, der als Fracht- und Kriegsschiff eingesetzt wurde. Das Fahrzeug aus der Zeit um 1280 verrät in seinem Aussehen die Herkunft von den Wikinger- und Normannenschiffen, vornehmlich der Knorre, die als Frachtschiff bauchiger und kürzer war als das schnelle Langschiff. Der Antrieb erfolgte allein durch das eine große Segel.

Eine grafische Rekonstruktion des Sandwich-Schiffs, das nach der Abbildung auf dem Siegel der Stadt Sandwich seinen Namen erhielt.

Die ersten Dschunken entstanden vor mehr als 3000 Jahren in China für den Verkehr auf Flüssen und küstennahen Gewässern. Die flachbodigen Fahrzeuge, deren Schiffskörper durch Querschotten in einzelne wasserdichte Abteilungen unterteilt waren, wagten bald Fahrten hinaus aufs offene Meer. Im Lauf ihrer Entwicklung erhielten die Dschunken bis zu fünf Masten, deren vorderste und hinterste nur bei Bedarf aufgerichtet wurden. Die Segel aus Bastmatten waren mit Bambusleisten versehen, um die Segelfläche verkleinern zu können. Das Heckruder entstand vor etwa 2500 Jahren.

Die erste Kunde von den Dschunken lieferte Marco Polo in der Beschreibung seiner Reise nach China ab 1271 und dem Aufenthalt dort bis 1292. Die genaue Beschreibung der Dschunken wurde 200 Jahre später bestätigt.

Eine Petschuli-Dschunke aus Nordchina, ein um 1380 gebautes Schiff mit vier Segeln.

Während die Dschunke der beherrschende Schiffstyp im Fernen Osten war, wurde es in Nordeuropa die Kogge. Entstanden als Weiterentwicklung der normannischen und englischen Lastsegler und der friesischen Handelsfahrzeuge und Heringsfänger, wurde ein Vorläufertyp schon 948 als Kogge bezeichnet. Auf verschiedenen Stadtsiegeln sind Abbildungen der Kogge überliefert. Erstmalig 1242 wurde an einer Kogge das Heckruder nachgewiesen.

Koggen waren gleichsam die Hanseschiffe, die von Nowgorod in Russland über Bergen in Norwegen und London bis in den Mittelmeerraum Handel trieben. Gegen Ende des 15. Jahrhunderts waren 1000 Koggen in Fahrt.

Bei Baggerarbeiten in der Weser wurde 1962 eine Hansekogge von 1380 entdeckt. Das Wrack ist im Deutschen Schiffahrtsmuseum in Bremerhaven ausgestellt.

Ein gemeinnütziger Verein begann 1987 mit dem Nachbau dieser Kogge, unterstützt vom Bremer Gewürzhaus Ubena. Das Schiff mit seiner Länge von 23,23 Metern trägt am Mast ein großes Segel von etwa 200 Quadratmetern. Das Segel ist geschmückt mit den weiß-roten Streifen und dem Schlüssel aus dem Wappen der Hansestadt Bremen.

Seit 1991 geht die Kogge „Ubena von Bremen" mit Gästen auf Fahrt in Nord- und Ostsee. Inzwischen sind weitere Koggen-Nachbauten erfolgt.

Auch die Freibeuter in der Ostsee wussten die Tüchtigkeit der Koggen zu schätzen. Als Verbündete des schwedischen Königs Albrecht von Mecklenburg versorgten sie das von Königin Margarete von Dänemark 1389 bis 1392 belagerte Stockholm mit Lebensmitteln (Vitalien) und wurden Vitalienbrüder genannt. Ihre Kaperfahrten führten bis in die Nordsee. Ihre Beute teilten sie zu gleichen Maßen unter sich auf – bis zum Liek, der Segelkante. Daher rührt wohl die Bezeichnung Liekedeeler, Gleichteiler, wie diese Freibeuter auch genannt wurden. Seit 1394 waren ihre Anführer Claas Störtebeker und Godeke Michels. 1398 wurden sie vom Deutschen Orden von ihren Stützpunkten auf Gotland vertrieben und verbündeten sich mit Friesenhäuptlingen an der Nordseeküste.

Um dem räuberischen Treiben ein Ende zu setzen, schickten die Hamburger eine Flotte aus, angeführt vom Flaggschiff „Bunte Kuh", dessen vollständiger Name lautete „Die durch die See brausende bunte Kuh mit den starken Hörnern". Das Schiff war eine Hulk, damals eine Bezeichnung für ein koggenähnliches dreimastiges Schiff. In einem Gefecht bei Helgoland wurden 1401 Störtebeker und seine Mannen besiegt. Auf dem Grasbrook in der Hansestadt Hamburg wurden Störtebeker und hundertfünfzig Freibeuter enthauptet. Eine Geschichte erzählt, dass er kopflos noch an vielen seiner Männer vorbei gerannt wäre und so, nach einer ausgehandelten Abmachung, deren Leben gerettet hätte.

Gleichwohl frohlockten die Kaufleute, die Pfeffersäcke, die ihre reich beladenen Schiffe nun wieder unbehelligt übers Meer schicken konnten. Doch so mancher arme Mann unter dem schaulustigen Volk grämte sich, hier war einer gestorben, der den Reichen genommen und den Armen gegeben hatte. Als volkstümlicher Held lebt Störtebeker in Liedern und Sagen weiter. In Ralswiek auf Rügen in der Ostsee wurden zu DDR-Zeiten seine Taten bei den Störtebeker-Festspielen gefeiert. Seit 1993 werden die beliebten Spiele wieder aufgeführt.

An der Magdeburger Brücke/Brooktor im Hamburger Hafen steht seit 1982 ein Denkmal für Störtebeker. Die große Bronzestatue ist ein Werk des Bildhauers Hansjörg Wagner.

Das Gefecht bei Helgoland 1401, in dem Störtebeker und seine Liekedeeler besiegt wurden.

Die Epoche der Entdecker und Eroberer

Im 15. Jahrhundert begann die große Zeit der Entdeckung der Welt, oft zugleich die Eroberung und Ausbeutung fremder Länder und Inseln. Unermessliche Reichtümer kamen mit den Schiffen in die Länder der Kolonialherren.

Das Zeitalter der Entdeckungen nahm seinen Anfang 1405 bis 1435 mit den Fahrten chinesischer Flotten unter dem Kommando des Admirals Zheng He.

Zu dieser Zeit hatte Prinz Heinrich von Portugal, genannt der Seefahrer, obwohl er nie zur See gefahren war, 1418 eine Seefahrtsschule gegründet und sandte Schiffe aus, die Erde zu erkunden. Columbus, ein Seefahrer aus Genua, wollte den Weg ins gewürz- und goldreiche Indien auf der Fahrt nach Westen erreichen. Er segelte mit drei kleinen spanischen Schiffen über den Ozean und entdeckte 1492 eine neue Welt, die er für Westindien hielt. Amerigo Vespucci, ein italienischer Seefahrer, an den Vorbereitungen von zwei der vier Columbus-Reisen beteiligt, ging später auf eigene Fahrten zum neuen Kontinent, der nach ihm Amerika genannt wurde.

Die „Santa Maria", ein Nachbau des Columbusschiffs.

Der Portugise Vasco da Gama umsegelte Afrika und erreichte 1498 Indien.

Im selben Jahr entdeckte John Cabot im Norden Amerikas neue Länder und nahm sie für England in Besitz.

Zwei Jahre später segelten zwölf Schiffe unter dem Kommando von Pedro Cabral nach Brasilien und unterstellten es der Krone Portugals.

Fernando Magellan, portugiesischer Seefahrer in spanischen Diensten, begann 1519 seine Weltumseglung mit fünf Schiffen. 1521 fand er beim Kampf gegen Bewohner der Philippinischen Inseln den Tod. Als einziges Schiff erreichte die „Victoria" 1522 die Heimat.

James Cook war ein britischer Forscher, der den Pazifischen Ozean vom südlichen Polarkreis bis zur Beringstraße im Norden erkundete. 1779 wurde er auf seiner dritten Reise bei Auseinandersetzungen mit den Einwohnern Hawaiis getötet.

Bis 1783 hatten sich die Vereinigten Staaten vom britischen Kolonialjoch befreit und wurden selbst zur Kolonialmacht.

Die Erde war weitgehend erforscht, die Kriege um ihren Besitz dauerten an.

Die Kaiser der Yuan-Dynastie sandten schon im 13. Jahrhundert hochseetüchtige Dschunken aus, unbekannte Länder zu entdecken und Handel mit fremden Völkern zu treiben. So wurden zum Beispiel auf Sumatra und in Südindien chinesische Handelsniederlassungen gegründet. Die Kaiser der folgenden Ming-Dynastie weiteten den Handel seit 1368 aus.

Den Höhepunkt der regen Handelstätigkeit erlebte China unter dem großen Admiral Zheng He. 1371 geboren, machte der Eunuch islamischen Glaubens dank seiner Tüchtigkeit Karriere und wurde Admiral. Für seine Flotte wurden 1000 Dschunken gebaut. Die größten waren die Neunmaster bis zu einer nachweislichen Länge von 150 Metern, an deren Masten Segel aus roter Seide aufgezogen wurden. Die chinesische Flotte war die größte der Welt. Erst die US Navy erreichte in der Gegenwart eine solche Stärke. Auf den großen Schiffen, beladen mit Seide und Porzellan, lebten und arbeiteten bis zu 1000 Menschen. Tierhaltung und Gartenbau wurde auf den Schiffen betrieben, um die Männer der Flotte zu versorgen. Tankschiffe gehörten zur Flotte, um die Menschen auf den langen Reisen mit Trinkwasser zu versorgen.

Die sieben Erkundungs- und Handelsfahrten seit 1405 führten von Nanjing nach Siam, Surabaya auf Java, nach Malakka, Chittagong in Bangladesh, Colombo auf Sri Lanka, Cochin und Calicut in Indien, Hormuz am Persischen Golf, Dhofar und Aden in Arabien, Jedda am Roten Meer, zur Ostküste Afrikas bis Mosambik. Ob die Flotte Zheng Hes Afrika umrundet und bis nach Amerika gesegelt ist, ist nicht zu belegen.

Mit Hilfe der genauen Sternenkarten und der magnetischen Kompasse konnten diese Reisen, auf denen mehr als 56 000 Kilometer zurückgelegt wurden, durchgeführt werden.

Nach dem Tod des Admirals 1435 beendete ein neuer Kaiser die Handelsfahrten und schottete China von der Welt ab.

Erst in unserer Zeit wurden durch Funde in Archiven und Entdeckung der Neunmaster-Docks Einzelheiten zur Flotte und ihren Fahrten bekannt.

Ein Neunmaster aus der Flotte des Zheng He, 150 Meter lang und fast 50 Meter breit, vom Beginn des 15. Jahrhunderts.

Die „Santa Maria", Flaggschiff des Columbus, war eine vor 1490 gebaute Karacke.

Christoph Columbus aus Genua war der Überzeugung, auf dem Seeweg nach Westen, um die halbe Erdkugel herum, nach Indien zu gelangen, wo Gold und Gewürze zu holen waren. Die Portugiesen konnte er nicht überzeugen, aber das spanische Königspaar. Mit drei kleinen Schiffen wurde er 1492 auf die Fahrt geschickt und landete, wie er glaubte, in Indien. Sein Flaggschiff war die „Santa Maria", eine 29,6 Meter lange Karacke.

Bis 1504 unternahm Columbus vier Reisen nach Amerika.

Die Karacke war vom 14. bis zum 17. Jahrhundert der wichtigste Schiffstyp im Mittelmeerraum und breitete sich bis nach Nordeuropa aus. Die Karacken hatten oft drei Masten, der hintere, der Besanmast, trug ein dreieckiges Lateinsegel, um die Steuerung zu erleichtern.

Die beiden anderen Schiffe der kleinen Columbus-Flotte waren Karavellen. Dieser Schiffstyp entstand unter dem Einfluss des arabischen Schiffbaus im Portugal des 13. Jahrhunderts. Die Karavellen waren zunächst einmastige Küstenfahrzeuge mit Lateinsegeln, später hochseetüchtige Schiffe mit bis zu vier Masten, an denen zum Teil auch Rahsegel gefahren wurden. Ein typisches Merkmal war die Kraweelbauweise, bei der die Planken des Rumpfs nicht mehr in Klinkerweise übereinander lappten, sondern stumpf aufeinander gefügt wurden, was eine glatte Außen- und Innenhaut zur Folge hat.

Die „Pinta“ war etwa 22,75 Meter lang, die „Niña“ nur 21,4 Meter.

Auch die „Pinta“ und die „Niña“ in Rekonstruktionszeichnungen. Die Columbus-Schiffe gibt es als schwimmende Nachbauten – in Palos de la Frontera, Spanien, und in Corpus Christi, Texas.

England war eine Seemacht, in Kriege gegen Frankreich und Schottland, dann auch gegen Holland und Spanien.

Das Flaggschiff der Flotte Heinrichs VIII. war die Karacke „Mary Rose“, die nach seiner Schwester benannt war. Die 1510 gebaute Karacke war etwa 32 Meter lang und trug 78 Geschütze. 1536 wurde der Viermaster umgebaut und war nun mit 91 Geschützen bewaffnet. 1545 versank das Schiff mit seiner Besatzung vor Portsmouth.

1982 wurde das Wrack im Solent, der Wasserstraße zwischen Portsmouth und der Isle of Wight, geborgen und ins Royal Navy Museum von Portsmouth gebracht.

Die stolze „Mary Rose“ verkörperte ab 1510 die englische Seemacht.

Heinrich VIII., Begründer der englischen Seemacht, hatte dem Schiffbaumeister W. Bond befohlen, ein Schiff zu bauen, „wie es bislang in England nicht zu sehen war“. 1514 lief das 57,8 Meter lange Schiff vom Stapel, eine viermastige Karacke mit acht Decks, bestückt mit 184 Kanonen. Zur Besatzung zählten 300 Seeleute und 400 Soldaten. Doch nur bei schönem Wetter konnte die „Henry Grace à Dieu“ wegen ihrer geringen Stabilität ihre wehrhafte Pracht zur Schau stellen.

Von 1536 bis 1539 wurde das Schiff vollständig umgebaut; die Decks wurden auf sechs, die Anzahl der Geschütze auf 151 verringert. 1547 wurde es in „Edward“ umbenannt und fiel 1553 einem Feuer zum Opfer. Einen Kriegseinsatz hatte das Schiff nie erlebt.

Das 1514 in Dienst gestellte Kriegsschiff „Henry Grace à Dieu“ wurde vom Volk „Great Harry“ genannt.

Die „Victoria" war eine spanische Karacke, die bei Magellans Reise als erstes Schiff die Welt umsegelte.

Eine kleine Karacke, kaum 25 Meter lang, war das erste Schiff, dem die Weltumseglung gelang. Unter dem Kommando des Portugiesen Fernao de Magalhaes, genannt Magellan, legten 1519 fünf Schiffe im spanischen Sanlucar ab, um den westlichen Seeweg nach Indien zu finden. Zwei Schiffe gingen verloren, bevor Magellan an der Südspitze Amerikas den Verbindungsweg vom Atlantischen zum Pazifischen Ozean erreichte. Bei Kämpfen auf der Insel Cebu wurde Magellan 1521 getötet. Die Mannschaft, durch Krankheit und Kämpfe dezimiert, verbrannte ein Schiff und setze unter dem Kommando von Juan del Cano die Reise fort. Einem Schiff gelang es nicht, das *Kap der Guten Hoffnung* zu umrunden. Nur die „Victoria" erreichte 1522 Spanien.

Nach der „Great Harry“ war die portugiesische Karacke „Santa Catarina do Monte Sinai“, Baujahr 1520, das größte Schiff seiner Zeit. Der etwa 40 Meter lange Viermaster trug an Fock- und Großmast Rahsegel, die Besanmasten führten Lateinsegel. Das Vorderkastell reichte weit über den Bug hinaus. Mit einem Laufsteg mittschiffs war es mit dem mächtigen achteren Aufbau verbunden, der drei Decks hatte, Quarterdeck, Halbdeck und ein kleineres Poopdeck. Rundum war das Schiff mit 140 Kanonen bestückt, die Breitseiten abfeuern, voraus und achteraus schießen konnten. Die Besatzung bestand aus etwa 400 Mann.

Die „Santa Catarina do Monte Sinai“ von 1520 war das größte portugiesische Schiff seiner Zeit.

Erst nach dem Friedensschluss in einem der Nordischen Kriege, in dem Lübeck mit Dänemark gegen Schweden um die Vorherrschaft in der Ostsee kämpfte, wurde 1566 die große lübische Karacke „Großer Adler von Lübeck“ fertiggestellt. Der Schiffbaumeister Sylvester Franke hatte ein mächtiges Kriegsschiff gebaut. Es war 64 Meter lang, hatte mehrere Batteriedecks und hohe Kastelle. Nun wurde es für ein Reedereikonsortium zum Frachtschiff umgebaut. Auf der Fahrt von Lissabon nach Lübeck schlug „Großer Adler von Lübeck“ leck. Das Schiff lief zurück in den portugiesischen Hafen, wo es zur Nutzung der Schiffshölzer abgebrochen wurde.

„Großer Adler von Lübeck“, ein stolzes Kriegsschiff von 1566, wurde 1581 abgebrochen.

Die Expansion des Ottomanischen Reichs bedrohte im Mittelmeer die Vormachtstellung Venedigs, das seine Interessen mit dem Christentum gleichsetzte. Papst Pius V. rief zum Kreuzzug auf. 1571 versammelten sich vor Messina 300 Schiffe – spanische, venezianische, päpstliche, weitere italienische, aber keine aus Frankreich. Unter dem Oberkommando von Don Juan d´Austria, einem Sohn Kaiser Karls V., stach die Flotte in See. Am 7. Oktober kam es bei Lepanto im Golf von Korinth zur Begegnung mit der türkischen Flotte. Die spanischen Galeassen, gebaut nach den Plänen des Venezianers Francesco Bressano, waren Weiterentwicklungen der Galeeren. Bis zu sieben Mann bedienten je einen Riemen. Große Segel sorgten für zusätzlichen Antrieb. Im Gefechtsturm über dem Rammbug standen schwere Geschütze. Auf die Stärke der Galeassen vertrauend, erfolgte der Angriff.

Die modernen europäischen Schiffe und Geschütze brachten endlich den Erfolg. Allerdings hatten auf beiden Seiten 35 000 Mann in der blutigsten Seeschlacht der Geschichte ihr Leben verloren.

Spanische Galeassen dieser Art wurden in der Schlacht von Lepanto 1571 eingesetzt.

Das Volk liebte seinen Seehelden Francis Drake, und die vorgeblich jungfräuliche Königin Elizabeth I., Tochter Heinrichs VIII., liebte ihn auch. Als Freibeuter mit königlichem Freibrief unternahm er Kaperfahrten ins spanische Westindien.

1577 brach er mit der „Pelican" zur ersten englischen Weltumseglung auf. Es war eine Galion, die englische Form der Galeone. Dieser Schiffstyp hatte sich aus der Karacke und der Nao, ein der Karavelle ähnlichem, größerem Schiff, entwickelt. Die Galeonen verkehrten zwischen Portugal oder Spanien und deren Kolonien, kamen von dort reich beladen zurück.

In der Magellanstraße taufte Drake die „Pelican" in „Golden Hind" um. Dachte er dabei an seine Königin? Für sie plünderte Drake manchen spanischen Hafen. 1580 erreichte er wieder Plymouth, hatte einen Gewinn von 4700 Prozent eingefahren, den er mit der Königin teilte, und durfte sich nun Sir Francis nennen. Die Königin wollte, dass die „Golden Hind" aufbewahrt werden sollte. Doch 1660 war sie völlig verrottet.

400 Jahre nach Drakes Weltumseglung wurde diese Fahrt mit einer neuen „Golden Hind" erfolgreich wiederholt.

Ein seetüchtiger Nachbau der „Golden Hind" von 1973 hat seinen Liegeplatz in der Nähe der Tower Bridge in London.

England hatte sich angeschickt, Spaniens Welthandelsmonopol zu brechen. König Philipp II. hatte den Herzog von Medina, einen Mann von hohem Adel und geringen Fähigkeiten, zum Admiral der spanischen Armada ernannt und sandte ihn mit 130 Kriegsschiffen, darunter auch Galeassen, und 30 000 Mann gegen England. Am 19. Juli war die Armada im Kanal, wurde von den Engländern unter Admiral Lord Howard aus sicherer Entfernung mit Geschützfeuer belegt. Die 195 englischen Schiffe, meist Renntypen wie Vizeadmiral Drakes Galion „Revenge", liefen aus Plymouth aus. Beide Flotten segelten nach Norden. Am 29. Juli fiel die Entscheidung. Brander, brennende Boote, trieben auf die Armada zu, lösten eine Panik aus, spanische Schiffe trieben auf die Sandbänke, wurden von englischen Schiffen zertrümmert. Ein Teil der Armada rettete sich nach Norden, bei der Umsegelung Schottlands und Irlands erlitten viele Galeonen Schiffbruch. Nur 50 Schiffe kehrten nach Spanien zurück. 10 000 spanische Seesoldaten bezahlten das misslungene Unternehmen mit ihrem Leben.

Die Galion „The Royal Arc" mit 50 Kanonen und 425 Mann war Lord Howards Flaggschiff 1588.

Holland war eine große Kolonial- und Handelsmacht, oft in Konkurrenz zu Frankreich oder England, was zu vielen Kriegen führte. Vor allem der Gewürzhandel mit Ostindien brachte reichen Gewinn. 1592 wurde eine holländische Gesellschaft für diesen Handel gegründet, 1602 die Vereinigte Ostindische Kompanie. Die Ostindienfahrer waren schnellsegelnde große Galeonen, reich geschmückt und verziert, gut bestückt mit Kanonen und anderen Geschützen, um die Kolonialansprüche gegen die Kolonisierten durchzusetzen, zum Schutz gegen Piraten und Schiffe konkurrierender Seemächte.

Zusätzlich zu den bewaffneten Ostindienfahrern wurden Orlogschiffe in Dienst gestellt. Sie begleiteten die Ostindienfahrer und wurden in manchem Krieg (Orlog) eingesetzt. Sie verdrängten die Portugiesen aus Malaya und Ceylon, eroberten Kolonien in Süd- und Nordamerika, dienten auch im Unabhängigkeitskrieg gegen Spanien, der 1581 zur Gründung der Vereinigten Niederlande führte.

Ein Ostindienfahrer um das Jahr 1592 erbaut, eine etwa 40 Meter lange bewaffnete Galeone der Vereinigten Ostindischen Kopanie.

Der Marquis de Seignelay, ein Sohn des Jean-Baptist Colbert, des französischen Ministers der Finanzen und Kolonien, des Schöpfers der Flotte Ludwigs XIV., beobachtete in England und in den Niederlanden den Schiffbau. Aus Amsterdam berichtete er von einem neuen Schiffstyp – der Fluyte oder Fleute. Der Name leitet sich von „flieten“ (fließen) ab. Das Verhältnis Länge zu Breite betrug 4 zu 1. Den ersten Nachweis auf den Bau von Fleuten liefert die Chronik der Stadt Hoorn, wo seit 1595 diese schmalen und schnellen Schiffe gebaut wurden. Die Bordwände waren nach oben eingezogen, ein schmales Deck sparte Zoll und Durchfahrtgebühren im dänischen Sund, die nach der Decksbreite berechnet wurden. Die niederländischen Fleuten mussten oft den Sund passieren, um in der Ostsee Handel zu treiben. Sie lieferten Gewürze nach Schweden und Russland, brachten Holz für den Schiffbau zurück.

Bald wurden in Skandinavien, England und Frankreich Schiffe dieses Typs gebaut. Der Auftrag für die erste deutsche Fleute wurde 1617 in Lübeck erteilt.

Eine niederländische Fleute, etwa 30 Meter lang, vom Anfang des 17. Jahrhunderts.

Prinz Henry zu Ehren erhielt die 1610 von Schiffbaumeister Phineas Pett gebaute Galion den Namen „Prince Royal“. Das prächtige und reich verzierte Schiff galt mit seiner Länge von etwa 45 Metern als das größte Schiff seiner Zeit. Es hatte drei vollständige Batteriedecks mit anfänglich 56 Geschützen. Bei einem der Umbauten erhöhte sich die Anzahl auf 90. Der vierte Mast wurde entfernt. Die schwer zu segelnde „Prince Royal“, deren Kabinen mit allem Luxus ausgestattet waren, kam nie zu einem militärischen Einsatz. Es diente als Fahrzeug bei königlichen Auslandsbesuchen.

Die „Prince Royal“ von 1610, hier noch mit vier Masten, beim Einlaufen in den holländischen Hafen von Vlissingen.

Die Rekonstruktionsgrafik zeigt die „Mayflower", die 1620 die Pilgerväter nach Amerika brachte.

Eine Gruppe strenger Puritaner, die Pilgerväter samt ihrer Frauen und Kinder, wollten in der Neuen Welt ungehindert ihren Glauben ausüben. Sie charterten 1620 die „Mayflower", um von Plymouth in England nach Plymouth in Neuengland zu gelangen. Kapitän Christopher Jones und seine Mannschaft brachte die etwa 100 Strenggläubigen in 67 Tagen über den Atlantik.

Die „Mayflower", um 1606 gebaut, war eine Galeone, die sonst als Frachter zwischen England und Frankreich verkehrte, Wolle hin- und Wein zurückbrachte.

Ein Nachbau unter dem Kommando des Schriftstellers und Kapitäns Alan Villiers legte 1957 die Strecke von 5420 Seemeilen in 53 Tagen zurück. Als Museumsschiff liegt diese „Mayflower" in Plymouth, USA.

König Gustav II. Adolf, unter dem Schweden zur Großmacht wurde, hatte ein großes Flottenbauprogramm aufgestellt. Die „Vasa“, benannt nach dem Gründer der Dynastie, sollte Schwedens Macht demonstrieren. Der König veränderte die Baupläne und legte die Abmessungen neu fest. Bei der Jungfernfahrt am 10. August 1628 war die See ruhig. Eine kurze Bö traf nach einer Meile Fahrt die „Vasa“. Sie krängte, in die unteren Stückpforten schlug Wasser. Die unzähligen Zuschauer mussten erleben, wie das Schiff unter Segeln im Meer versank.

333 Jahre später wurde das Wrack entdeckt, geborgen und restauriert. Im Vasa-Museum in Stockholm ist es ausgestellt.

Rekonstruktionsgrafik der „Vasa“, die ein untaugliches Schiff war.

Kardinal Richelieu beauftragte die besten Schiffbauer, eine französische Flotte zu schaffen, mindestens der englischen und niederländischen ebenbürtig. Die Krone der Flotte war die etwa 40 Meter lange Galeone „La Couronne“, 1636 von Schiffbaumeister Charles Morieu geschaffen.

Es war ein überaus prächtiges Schiff; die Königin hatte 14 000 Taler für das mit Königslilien bestickte Seidenbanner gestiftet. Es war ein mächtiges Schiff mit 80 Kanonen. Über das Galionsdeck, verziert mit der Skulptur des Herkules, der die Hydra besiegt, konnte nach vorn auf die Galeeren gefeuert werden, die nie von der Seite angriffen.

Mit allem Pomp und aller Pracht war „La Couronne“ ausgestattet, eine Galeone aus der Zeit Louis XIII.

Der 1637 gebaute Dreimaster „Aemelia“ war das Flaggschiff des niederländischen Admirals Maarten Harpertszoon Tromp, der mit seiner Flotte eine spanische Armada von 70 Schiffen zerstört hatte. Als der Seeheld im Ersten Englisch-Holländischen Krieg 1652 bis 1654 die Engländer besiegte, fuhr er schon auf dem zweiten Schiff des Namens „Aemelia“. Das erste, von dem keine technischen Einzelheiten überliefert sind, war seit 1646 verschollen. Es war eine Pinasse, ein schlanker und schneller bewaffneter Dreimaster, der zu dieser Zeit in Holland, England und Frankreich verbreitet war. Damals befand sich Tromp nicht an Bord seines Schiffs.

Die erste „Aemelia“ des niederländischen Seehelden Tromp war eine Pinasse.

König Charles I. von England beauftragte den berühmten Schiffbauer Phineas Pett, ein neues Flaggschiff zu bauen, das größte und schönste Schiff der Welt. Der Sohn Peter Pett erbaute in einem Jahr die „Sovereign of the Seas". Seine Länge über alles betrug 70,7 Meter. Wegen seines reichen Schmucks wurde die mit 104 Kanonen bestückte Galion von den Holländern „Goldener Teufel" genannt. Das Schiff überlebte alle Kriege, den König, der 1649 hingerichtet wurde, auch Cromwell, der den Ersten Englisch-Holländischen Krieg führte, und den neuen König Charles II. Nach einem Umbau hieß es „Royal Sovereign". Eine Kerze ließ 1696 das Schiff in Flammen aufgehen.

Die Rekonstruktion zeigt die 1637 erbaute „Sovereign of the Seas".

In der Mitte des 17. Jahrhunderts kam die Bezeichnung Linienschiff auf. Es benennt, unabhängig vom Schiffstyp, die Verwendung als Kriegsschiff. Durch die weitreichenden Kanonen konnten sich die Schiffe auf Distanz beschießen. In Kiellinie segelten die Schiffe hintereinander, um ihre Geschütze, aufgestellt auf verschiedenen Batteriedecks übereinander, von der dem Feind zugewandten Breitseite abzufeuern. Nach der Größe der Schiffe und der Anzahl der Kanonen wurden die Linienschiffe in Ränge oder Klassen eingeteilt. Die Besatzung eines großen Linienschiffs konnte bis zu 1300 Mann betragen.

„De Gouden Leeuw“ wurde während des Zweiten Englisch-Holländischen Kriegs (1665 bis 1667) in Amsterdam als 80-Kanonen-Linienschiff mit drei Masten und einer Länge von etwa 45 Metern erbaut. Im zweiten Krieg gegen Frankreich war „Der goldene Löwe“ das Flaggschiff des Admirals Tromp. In der Schlacht von Kijkduin 1673 wurde das Schiff schwer beschädigt. Es konnte wieder instand gesetzt werden, wurde 1686 aus Altersgründen außer Dienst gestellt.

„De Gouden Leeuw“, Baujahr 1667, war ein Linienschiff.

Zum Schutz der nach Spanien und Portugal fahrenden Handelsschiffe, auch um die Walfänger im Nordmeer zu begleiten, wurde die Fregatte „Wappen von Hamburg“ 1669 von einem holländischen Schiffbaumeister in Hamburg als Convoyschiff gebaut. Es war 42 Meter lang und mit 54 Kanonen bestückt. In der Nacht zum 11. Oktober 1683 brach an Bord der „Wappen von Hamburg“, die vor Cádiz lag, ein Feuer aus. Admiral Berend Jacobsen Karpfanger und seine Mannschaft kämpften gegen das Feuer. Ein Teil der Matrosen und Seesoldaten musste den Kampf aufgeben. Die Explosion der Pulverkammern zerstörte das Schiff und riss Karpfanger und 64 Mann in den Tod.

Das hamburgische Convoyschiff „Wappen von Hamburg“ von 1669.

Die Fregatte „Peter und Paul", benannt nach den Schutzheiligen Russlands, an deren Bau 1697 Zar Peter der Große als Zimmermann beteiligt war.

Peter Michailow, ein russischer Gastarbeiter auf der Werft der Ostindischen Kompanie in Amsterdam, war begierig, die Schiffbaukunst zu erlernen. Er war 1697 als Zimmermann beim Bau einer Fregatte beteiligt, die 32,85 Meter lang und mit 22 Geschützen bewaffnet war.

Als Fregatte wurde ursprünglich ein arabisches Ruder-Segelschiff, seit dem 17. Jahrhundert ein schneller Zweidecker mit bis zu 50 Kanonen bezeichnet.

Im Jahr 1698 weilte der russische Zimmermann in England, um seine Kenntnisse des Schiffbaus zu erweitern. Nach Russland zurückgekehrt, bestieg er wieder den Thron, begann das Land zu modernisieren und eine Flotte aufzubauen.

Als Zar Peter der Große ging der Erneuerer in die Geschichte ein.

Dem militärischen Schutz der Kauffahrteischiffe dienten mächtige Convoyschiffe. Das dritte mit dem Namen „Wappen von Hamburg“ wurde 1720 von Schiffbaumeister Jacob Mencke gebaut. Dieses größte hamburgische Schiff seiner Zeit war etwa 50 Meter lang. Es unternahm nur wenige Fahrten. Die Seeräuberei in der Nordsee war überwunden, und Hamburg musste Angriffe auf seine Handelsschiffe nicht fürchten. Außerdem war der Unterhalt einer solchen Fregatte teuer. So wurde das Schiff 1728 nach einer Fahrt nach Cádiz außer Dienst gestellt. Als schwimmende Batterie zum Schutz das Hamburger Hafens dümpelte das einstmals stolze Schiff dahin und wurde 1737 verkauft.

Die „Wappen von Hamburg“ (III), eine mächtige Fregatte, diente von 1720 acht Jahre lang als Convoyschiff.

„England expects that every man will do his duty!“ So lautete das Signal, das Admiral Horation Nelson gesetzt hatte, als im Golf von Cádiz die englische Flotte aus 27 Schiffen in zwei Säulen gegen die Linie der 33 französischen und spanischen Schiffe vorstieß. Es war der 21. Oktober 1805. Nelsons Flaggschiff „Victory“ eröffnete das Feuer, durchbrach die feindliche Linie. Nelson hatte nicht die Taktik der Breitseitenbeschießung gewählt; Schiff kämpfte gegen Schiff, Mann gegen Mann. Ein Tiroler Scharfschütze aus der Takelage des französischen Flaggschiffs „Rédoutable“ schoss Nelson nieder. Unter Deck gebracht, erhielt er am Abend die Nachricht vom Sieg. Nelson starb. Napoleons Traum von der Seeherrschaft war zertrümmert.

Die „Victory“ war schon ein altes, aber tüchtiges Schiff; 1765 gebaut, erst seit 1778 in aktivem Dienst, mehrmals umgebaut, war es seit 1793 ein Linienschiff ersten Rangs mit 110 Kanonen.

Das Schiff ist als nationales Denkmal in einem Trockendock von Portsmouth erhalten geblieben.

Die „Victory“, 69 Meter lang und mit 37 Segeln an ihren drei Masten, wurde 1800 das Flaggschiff Horatio Nelsons.

Der 1784 gebaute Frachter „Bethia“ wurde von der Britischen Admiralität gekauft, umgebaut und dem Kommando von William Bligh unterstellt. Er sollte Schößlinge des Brotfruchtbaums von Tahiti holen und nach Westindien bringen, wo deren Früchte als billige Sklavennahrung dienen sollten. Weil dies als Wohltätigkeit angesehen wurde, erhielt das 42 Meter lange Vollschiff den Namen „Bounty“, was Güte oder milde Gabe bedeutet.

1787 lief die „Bounty“ aus, erreichte 1788 Tahiti und ging mit 1105 Pflanzen an Bord Richtung Jamaica. Am 28. April 1789 kam es unter Führung des Ersten Offiziers Fletcher Christian zur Meuterei. Bligh und 18 Mann wurden in einem Boot ausgesetzt und erreichten nach 41 Tagen Timor. Die 26 Meuterer landeten auf der Insel Pitcairn und verbrannten die „Bounty“. Ihre Nachfahren leben noch heute auf dieser Insel.

Für den Film „Die Meuterei auf der Bounty“ mit Marlon Brando ließ MGM 1960 einen Nachbau errichten, der heute in St. Petersburg, Florida, als Museumsschiff liegt.

Ein weiterer Nachbau der „Bounty“ geht von Sydney auf Tagestörns.

Für seine erste Weltumseglung von 1768 bis 1771 wählte James Cook die „Earl of Pembroke“ aus, einen 30 Meter langen Kohlefrachter. Das Schiff wurde umgebaut, mit 22 Geschützen bestückt und „Endeavour“ genannt, was dauerndes Bestreben meint.

Bei seiner zweiten Reise von 1772 bis 1775 umrundete Cook mit der „Endeavour“ die Erde in Ostrichtung. An Bord waren der Naturforscher Johann Reinhold Forster und sein Sohn Georg, der 70 Tier- und Pflanzenarten entdeckte. Sein Bericht und seine Bilder sind ein Standardwerk. 1792 war Georg Forster ein führender Jakobiner der Mainzer Republik.

Auf der dritten Forschungsreise Cooks von 1776 bis 1797 wurde er bei Auseinandersetzungen mit den Bewohnern Hawaiis erschlagen.

Ein australischer Nachbau der „Endeavour“ von 1994 hat auch die Welt umrundet.

Auf seinen Weltumseglungen begegneten James Cook auch die Auslegerboote der Südsee. Die Bezeichnung Katamaran bedeutet „gebundenes Holz“ und meinte ursprünglich zwei verbundene Einbäume, die auch mit einem Segel versehen werden konnten. Mit solchen Booten wurden vor langen Zeiten die Inseln Polynesiens besiedelt. Als Navigationsmittel dienten geflochtene Sternkarten.

Der Katamaran ist ein uralter Bootstyp der Südsee, dessen Bauweise im modernen Schiffbau Verwendung findet.

Aus dem einfachen Bootstyp entwickelte sich das große Fahrzeug aus zwei Plankenbooten, die mit einem Aufbau versehen waren und gesegelt wurden. Noch heute sind solche Katamarane in Fahrt.

1797 hatten die USA beschlossen, Fregatten zur Bekämpfung algerischer Freibeuter und zum Schutz der Handelsschifffahrt bauen zu lassen. Diese Schiffe wurden auch im Englisch-Amerikanischen Krieg 1812 bis 1814 eingesetzt.

Die „Constitution" war eines dieser Schiffe. Weil an ihren harten Eichenplanken Kanonenkugeln abprallten, wurde sie „Old Ironside" genannt. 1821 war sie Flaggschiff des Mittelmeergeschwaders, wurde 1828 für seeuntüchtig erklärt, war nach einer Überholung aber bis 1905 in Dienst. Heute liegt sie als Museumsschiff im Hafen von Boston und ist als Flaggschiff des Kommandanten des First Naval District das älteste aktive Kriegsschiff der Welt.

Die „Constitution", Baujahr 1797, ist eine Fregatte, zugleich ein Vollschiff mit Rahsegeln an allen Masten.

Die Dau ist der Grundtyp vieler arabischer Schiffe, wie sie heute noch gebaut werden.

Bis in die Zeit um das Jahr 1100 reichen die Ursprünge der Ghanja zurück. Charakteristisch für dieses schnelle Schiff, das wie meist üblich ein Anderthalbmaster mit Trapezsegeln war, ist die schlanke Form, der weit nach vorn ragende Steven und der ungewöhnlich überragende Hintersteven. Um bei Flauten beweglich zu bleiben, lagen Riemen bereit. Die Ghanja wurde als Frachtsegler und Piratenschiff eingesetzt. Mit dem Ende der Piraterie im Mittelmeer zu Anfang des 19. Jahrhunderts verschwand die Ghanja aus der Schifffahrtsgeschichte.

Eine etwa 30 Meter lange Ghanja aus der Zeit um 1800.

Der Schraubendampfer „Borussia", mit elf Segeln ausgestattet, eröffnete am 1. Juni 1856 den Paket- und Passagierdienst zwischen Hamburg und New York.

Segelschiffe im Dampfzeitalter

Die Dampfmaschine revolutionierte Produktion und Verkehr. Eingesetzt in Lokomotiven und Schiffen, beförderte sie Menschen und Waren – und zugleich den Fortschritt. Das erste von Dampfkraft getriebene Schiff soll schon 1543 in Barcelona vorgeführt worden sein. Versuche, die Kraft des Wasserdampfs zu nutzen, wurden vielfältig unternommen. 1764 schließlich gelang es James Watt in England, mit seiner funktionstüchtigen Dampfmaschine alle anderen Erfinder zu überflügeln.

Ein kleiner Schleppdampfer, die „Charlotte Dundas", eröffnete 1802 in England das Zeitalter der Dampfschifffahrt. Die ersten Dampfer gingen auf Probefahrten. Sie waren zunächst mit Schaufelrädern ausgestattet, die an den Seiten oder am Heck für Antrieb sorgten. Aber die größeren Dampfer konnten noch nicht auf zusätzliche Besegelung verzichten.

Für die Fischerei, die Küstenfahrt und für die großen transozeanischen Frachtfahrten wie die Salpeterfahrten nach Chile und die Weizenfahrten nach Australien blieben die Segler unverzichtbar. Neue Typen wie die Schoner und die Klipper entstanden. Zunächst waren die Segelschiffe sogar effektiver als die Dampfer. Sie benötigten den kostbaren Frachtraum nicht zum Bunkern der Kohle, sie erforderten auch keine Heizer oder Maschinisten. Und oft waren sie vor dem Wind schneller als die Dampfschiffe.

Der scheinbare Siegeszug der Dampfer über die Meere der Welt wurde begleitet von den größten Seglern der Schifffahrtsgeschichte, die im 19. und auch noch im 20. Jahrhundert gebaut wurden. Es sind diese Windjammer genannten Großsegler, die das romantische Bild der Schifffahrt prägten.

Von diesen Windjammern sind zum Glück einige erhalten geblieben. Bei Windjammerparaden und anderen maritimen Veranstaltungen sind sie der Mittelpunkt des Interesses. Tagestörns und große Fahrten an Bord solcher Schiffe erfreuen sich großer Beliebtheit.

Zu Beginn des 19. Jahrhunderts waren die an der amerikanischen Ostküste gebauten Schoner die schnellsten Schiffe der Welt. Andrew Robinson hatte 1713 das erste Schiff dieses Typs in Gloucester, Massachusetts, gefertigt.

Beim Stapellauf soll eine Dame ausgerufen haben: „Look how she schoons!“ (Schaut, wie sie gleitet!). Daraufhin hätte der Schiffbaumeister erklärt, das Schiff solle Schoner genannt werden.

Die 100 Jahre später gebaute „Decatur“, ein 34,4 Meter langer Schoner mit acht Segeln an zwei Masten, von der US Navy im Krieg gegen Großbritannien eingesetzt, wurde 1814 ein Opfer der Fregatte „Rhin“.

Die „Decatur“ war ein amerikanischer Schoner aus dem Jahr 1813.

Seit 1812 entstanden die Virginia-built-ships, nach ihrer Herkunft auch Baltimore-built-ships genannt. Später kam für diesen Schiffstyp die Bezeichnung Baltimore-Clipper auf. Mit seinem scharfen Bug und seiner schlanken Form schnitt er schnell durch die See. Hiervon hat er seine Bezeichnung her, to clip heißt schneiden. Von den späteren schneidigen Klippern unterscheidet er sich durch Größe, Anzahl der Masten und Besegelung.

Die Baltimore-Clipper wurden im Krieg gegen Großbritannien 1812 bis 1814, als Schoner oder Brigg getakelt, als Kaperschiffe und Blockadebrecher eingesetzt.

„Harvey" ist ein etwa 25 Meter langer Baltimore-Clipper von 1827, mit acht Kanonen auf Lafetten bewaffnet.

Als „Elben“ diente der 1831 gebaute Schoner in der dänischen Kriegsmarine. Sein Kommandant Johann Otto Donner aus dem damals dänischen Altona stellte bei Ausbruch des Deutsch-Dänischen Kriegs 1848 sein Schiff mit acht Kanonen unter dem Namen „Elbe“ der neuen Schleswig-Holsteinischen Flotte zur Verfügung. Anschließend wurde es in die neue Reichsflotte (Marine des Deutschen Bundes) aufgenommen.

Kommandant der Flotte war der in der chilenischen und griechischen Marine zu Ehren gekommene Karl Rudolf Bromme, nach der englischen Aussprache seines Namens „Brommy“ genannt.

Der Toppsegelschoner „Elbe“ unter der Flagge Schwarz-Rot-Gold des Deutschen Bundes, 1848 bis 1852.

Als Seitenraddampfer „Britannia“ war das 1840 gebaute Schiff unter acht Segeln für die British and North American Royal Mail Steam Packet Co., später Cunard Line, als erstes Dampfschiff im regelmäßigen Dienst zwischen Großbritannien und Nordamerika auch mit Passagieren unterwegs. 1840 gewann es mit der schnellsten Ozeanüberquerung das Blaue Band.

1849 kaufte das Deutsche Parlament in der Frankfurter Paulskirche das Schiff für die neue Reichsflotte (Marine des Deutschen Bundes). Es wurde umgebaut, mit Kanonen bestückt und als „Barbarossa“ das Flaggschiff der Flotte unter dem Kommando von Admiral Brommy. Der einzige Gefechtseinsatz, 1849 vor Helgoland gegen ein dänisches Geschwader, war erfolgreich.

Nach Auflösung der Flotte 1852, bei der die meisten Schiffe unter Wert verschleudert wurden, gelangte die „Barbarossa“ zur Preußischen Marine, diente später dort als Hulk und Zielschiff, wurde 1880 versenkt, später gehoben und abgewrackt.

Die „Barbarossa“, eine Dampffregatte mit acht Segeln, war das Flaggschiff der Reichsflotte 1848 bis 1852.

Der am meisten verbreitete Schiffstyp auf der Ostsee und der auf deutschen Werften am häufigsten gebaute Schiffstyp im 19. Jahrhundert war die Brigg. Auch in den Kriegsmarinen Europas und Amerikas waren Briggs im Einsatz.

Die Brigg, auch für die große Fahrt geeignet, ist ein Zweimaster mit Rahbesegelung und dem zusätzlichen Briggsegel am Großmast.

Die „Auguste", 40 Meter lang und mit 15 Segeln versehen, wurde 1840 von Johann Christian Marén in Wismar für den dortigen Reeder Johann Christian Thormann gebaut und war vor allem in der Ostseefahrt tätig. Über ihren Verbleib nach 1888 ist nichts bekannt.

„Auguste" wurde nach 48 Jahren Fahrt 1888 aus dem Schiffsregister gestrichen.

Für den Atlantikverkehr schuf der berühmte britische Konstrukteur Isambard Kingdom Brunel 1844 das bislang größte eiserne Schiff mit Schraubenpropeller-Antrieb. Auf der 98,5 Meter langen „Great Britain“ sorgten 16 Segel an sechs Masten mit insgesamt 4480 Qudratmetern Segelfläche für zusätzlichen Antrieb. Die Masten waren absenkbar, um beim Andampfen den Windwiderstand zu reduzieren.

„Mammut des Ozeans“ wurde das mächtige Schiff genannt. Später wurden drei der Masten entfernt. 1886 wurde die „Great Britain“ vor Kap Hoorn schwer beschädigt. Bis 1937 wurde sie als Lagerschiff benutzt, dann auf Grund gesetzt. 1971 gehoben, ist die „Great Britain“ heute im Great Western Dockyard in Bristol ein Museumsschiff.

Auch der bislang größte Dampfer, die „Great Britain“ von 1844, konnte auf eine Besegelung nicht verzichten.

Mit diesem Schoner begann die Geschichte des aufregendsten und berühmtesten Segelwettbewerbs der Welt. Zur ersten Weltausstellung in London 1851 wurde um die Isle of Wight ein Segelwettbewerb ausgetragen. Als Pokal wurde eine Silberkanne ausgelobt. Wider Erwarten siegte die eigens für diese Regatta gebaute „America" und nahm die Trophäe in die USA mit, die den nun „America´s Cup" genannten Pokal 132 Jahre lang erfolgreich verteidigen konnte. Die 39,5 Meter lange Schoneryacht „America" des New York Yacht Club blieb bis 1944 erhalten. 1967 erfolgte ein Nachbau des legendären Seglers nach den alten Plänen.

Die „America" gewann 1851 den Pokal, der nach ihr „America´s Cup" genannt wurde.

Die „Sovereign of the Seas“ war eines der größten und schnellsten Klipperschiffe. Donald McKay, der berühmteste Schiffbauer seiner Zeit, schuf 1852 diese Beherrscherin der Meere. Sie war 78,6 Meter lang, das Verhältnis Länge zu Breite betrug 5,8 zu 1. Als Vollschiff – alle drei Masten waren mit Rahsegeln versehen – erreichte sie eine Geschwindigkeit bis zu 22 Knoten (Knoten oder kn bezeichnet die Geschwindigkeit Seemeilen pro Stunde; eine Seemeile ist 1852 Meter lang).

Bei ihrer Jungfernfahrt erreichte die „Sovereign“ von New York um Kap Hoorn in 102 Tagen San Francisco, das war Bestzeit für die Monate August-November. Bei der Rückfahrt erzielte sie das erstaunliche Etmal von 423,36 Seemeilen (Etmal ist die Strecke, die von Mittag bis zum nächsten Mittag zurückgelegt wird).

1854 erwarb das Hamburger Handelshaus Godeffroy den Klipper, verkaufte ihn 1858 nach England. In der Straße von Malakka musste sich die „Sovereign of the Seas“ den Gewalten von Wasser und Wind beugen. Sie strandete.

Die grafische Rekonstruktion der „Sovereign of the Seas“, Baujahr 1852, zeigt einen der schnellsten Klipper.

Die „Dévastation“ wurde im Krimkrieg, der bis 1856 währte, erstmals eingesetzt.

Viele Jahrzehnte lang konnten die Kriegsmarinen der Seemächte nicht auf die Besegelung ihrer zum Teil schwer gepanzerten Dampschiffe verzichten. So war zum Beispiel das 1855 gebaute französische Panzerschiff „Dévastation“ (Verheerung, Verwüstung) mit elf Zentimeter dicken Eisenplatten über dem hölzernen Rumpf verkleidet. Mit ihren 26 schweren Geschützen war sie eine mächtige Bastion auf dem Meer. In der Rangliste der stärksten Schlachtschiffe ihrer Zeit war sie die Nummer 5. Der Dreimaster mit einer Maschinenleistung von 1500 PS war als Vollschiff getakelt, um neben der Dampf- auch die Windkraft zu nutzen.

Die Auflösung der deutschen Reichsflotte nach dem Scheitern der bürgerlichen Revolution von 1848/49 führte zum Flottenbauprogramm Preußens. Als erstes großes Kriegsschiff wurde die 71,95 Meter lange „Arcona“ 1859 auf der Königlichen Werft in Danzig gebaut. Die Korvette war als Vollschiff getakelt.

Sie versegelte auf ihrer ersten großen Fahrt nach Rio de Janeiro, anschließend nach Japan, um aller Welt die preußische Seemacht zu demonstrieren. 1866 war die „Arcona“ bei Jasmund (Rügen) an den Gefechten mit dänischen Schiffen beteiligt. Nach vielen Einsätzen rund um die Welt wurde sie 1884 als veraltet aus der Liste der Kriegsschiffe gestrichen.

Scharf geschnitten und getakelt wie ein Klipper, hatte die „Arcona“, Baujahr 1859, eine Maschinenleistung von etwa 2400 PS.

Das letzte Gefecht zwischen hölzernen Kriegsschiffen fand 1864 beim Krieg Dänemarks gegen Preußen und Österreich statt. Die preußische Flotte konnte die Ostseeküste verteidigen, aber nicht gleichzeitig die Blockade der deutschen Nordseehäfen verhindern. Sie brauchte die Hilfe der österreichischen Flotte. Österreich war eine Seemacht, seine Häfen erstreckten sich an der Ostküste der Adria. Unter dem Kommando des Konteradmirals Wilhelm von Tegetthoff kam ein österreichisches Geschwader vom Mittelmeer in die Nordsee und eilte den Preußen zur Hilfe. Vor Helgoland kam es mit „Jylland" und zwei anderen dänischen Fregatten zum Gefecht. Die Dänen zogen sich zurück.

„Jylland" war eine 95 Meter lange Dampffregatte, als Vollschiff getakelt. 1860 auf der Kriegswerft in Kopenhagen erbaut, wurde sie 1887 außer Dienst gestellt. 1925 rettete ein Komitee das Schiff vor dem Abruch. Vor 50 Jahren sponsorte eine Brauerei den Erhalt und schmückt die Flaschen ihres Fregattenbiers mit dem Bild der „Jylland".

In Ebeltoft, Dänemark, liegt die „Jylland" als nationales Denkmal und Museumsschiff.

Die britischen Schiffbauingenieure Brunel, der schon 1844 die „Great Britain“ gebaut hatte, und Russel entwarfen seit 1851 das größte Handelsschiff des 19. Jahrhunderts. Der Bau dauerte von 1854 bis 1860. Die 210,9 Meter lange „Great Eastern“ war kommerziell ein Desaster, aber für den Schiffbau zukunftweisend. Der Antrieb erfolgte über Segel mit einer Fläche von 5300 Quadratmetern, über seitliche Schaufelräder und einen Heckpropeller mit insgesamt 8300 PS. 4000 Auswanderer oder 10 000 Soldaten oder 6000 Tonnen Fracht fanden Platz an Bord. Später als Kabelleger verwendet, wurde das Schiff 1888 abgebrochen.

Die „Great Eastern“, Baujahr 1860, war ein Fracht- und Passagierdampfer unter Segeln.

Auf der Meyer Werft in Papenburg, auf der heute Ozeanriesen, Traum- und Spezialschiffe gebaut werden, entstand 1865 die Brigg „Berge“. 1871 ging sie mit einer Ladung Holz auf der Fahrt von Kanada nach Falmouth verschollen.

Nach den alten Plänen wurde bei Meyer von den Auszubildenden in Zusammenarbeit mit dem Schiffbaubetrieb Haarmann ein Nachbau des Seglers gefertigt, der den Namen „Friederike von Papenburg“ erhielt. Der 38,3 Meter lange Nachbau der Brigg dient als Museumsschiff, in dem die Tourist-Information von Papenburg eingerichtet ist.

Im Hauptkanal vor dem Rathaus von Papenburg liegt die „Friederike von Papenburg“, der Nachbau einer Brigg von 1865.

Tollef Toleffsen aus Skanevik in Norwegen hatte 1867 eine 25,8 Meter lange Nordland-Jagt gebaut, die 1868 im Hafen von Bergen lag. Kapitän Koldewey, der im Auftrag des Bremer Komitees für die Nordpolarforschung ein geeignetes Schiff erwerben sollte, kaufte es. Er ließ den Schiffskörper und die Takelage verstärken, nannte das Schiff „Grönland“ und ging mit elf Mann Besatzung auf Fahrt. Nordwestlich von Spitzbergen machte das Packeis die Weiterfahrt unmöglich. So weit war vorher noch kein Schiff vorgestoßen.

Das Deutsche Schiffahrtsmuseum in Bremerhaven entdeckte das Schiff, das mehrmals verkauft wieder in Norwegen lag, und erwarb es.

Die „Grönland“ von 1867 ist ein heute noch aktiver Segler.

Der britische Klipper „Thermopylae“ war ein typischer Renner. Bei der ersten Fahrt 1868 von London nach Melbourne erreichte das Schiff sein Ziel in nur 63 Tagen. Bei einer anderen Fahrt lief das 64 Meter lange Vollschiff 9 Knoten bei einem Wind, der zu schwach war, eine Kerze an Bord auszulöschen. Die „Thermopylae“ brachte Wolle und Tee nach London. Bei einer Wettfahrt besiegte sie die berühmte „Cutty Sark“.

Seit 1907 nicht mehr in der Australien- und Chinafahrt für George Thomson & Co. in London segelnd, soll sie noch als Schulschiff gedient haben. Über den weiteren Verbleib dieses stolzen und schnellen Schiffs ist nichts bekannt.

Die „Thermopylae“, Baujahr 1868, war ein typisches Klipperschiff.

Um bei den Teewettfahrten, veranstaltet von den Reedereien, die „Thermopylae“ zu schlagen, ließ John Willis aus London 1869 die „Cutty Sark“ bauen. Mit einer Segelfläche von 2970 Quadratmetern ging das Vollschiff mit 17 Knoten auf manche Rekordfahrt. Seit 1877 vor allem in der Wollfahrt beschäftigt, dann als Frachter für Kohle, Öl, Eisen und Stückgut. 1895 wurde das Schiff nach Portugal verkauft.

1922 kaufte Kapitän Wilfred Downman aus Falmouth das Schiff, ließ es restaurieren, seine Witwe schenkte es einer Seefahrtsschule. Seit 1954 liegt „Cutty Sark“ als Museumsschiff in Greenwich im Trockendock.

Der Klipper „Cutty Sark“, Baujahr 1969, ist als Museumsschiff erhalten geblieben.

Joseph Conrad, Seemann und Schriftsteller, diente zwei Jahre als Offizier auf der „Torrens“ und erklärte sie zu seinem Lieblingsschiff. Dieser 68 Meter lange Klipper von 1875 war eines der letzten Kompositschiffe. In dieser Bauweise wurden vor der Zeit der stählernen Segelschiffe die schnellen Großsegler hergestellt; die inneren Verbände waren aus Eisen, die Außenhaut war aus Holz und unter der Wasserlinie mit Metall beschlagen. Die „Torrens“ der Elderline in Plymouth war ein perfekter Klipper, dessen bestes Etmal 336 Seemeilen betrug. 1903 wurde das Schiff nach Italien verkauft und 1910 dort abgebrochen.

Der Klipper „Torrens“, Baujahr 1875, war das Lieblingsschiff von Joseph Conrad.

In Glasgow 1878 als Viermast-Vollschiff gebaut, ging der 81,13 Meter lange Klipper „Falls of Clyde“ in seinen ersten 20 Jahren auf 70 Reisen nach Asien, Australien, Afrika und Amerika. 1898 kaufte der Amerikaner William Matson das große Schiff und ließ es vom Vollschiff, das an allen Masten Rahsegel trug, zur Bark mit Schratsegeln (Längssegeln) am hinteren, dem Besanmast umtakeln. Für die Beförderung von Passagieren wurde ein Quartier eingerichtet. Ab 1907 fuhr die „Falls of Clyde“ als Öltransporter. Nach vielen Hawaiifahrten führte die letzte Reise 1921 nach Brasilien.

Kapitän Klebingat, der als Erster Offizier auf der „Falls of Clyde“ gefahren war, erfuhr 1959, dass der Rumpf in Seattle lag, und startete die Rettungsaktion. 1963 begann die Restaurierung des Großseglers, der wieder als Viermast-Vollschiff hergestellt wurde. Im Hawaii Maritime Center in Honolulu ist der stolze Klipper nun als Museumsschiff zu besichtigen.

Die „Falls of Clyde“, ein Klipper von 1878, ist eines der wenigen Schiffe dieser Art aus dem 19. Jahrhundert, die der Nachwelt erhalten geblieben sind.

Viele Kriegsschiffe im späten 19. Jahrhundert trugen zum Dampfantrieb zusätzliche Besegelung. Wie diese 1878 auf der Kaiserlichen Werft in Danzig gebaute Kreuzerfregatte, die als Vollschiff getakelt war.

Bei Indienststellung war „Moltke“ noch eine Korvette, ein Schiff III. Rangs. Zunächst in Südamerika stationiert, beteiligte sie sich an den Forschungsreisen des Polarjahrs 1882/83. Dann zur schwereren Kreuzerfregatte umgebaut, wurde sie 1891 zum Schulschiff und kreuzte von der Ostsee bis Westindien.

1910 aus der Liste der Kriegsschiffe gestrichen, wurde „Moltke“ 1920 abgebrochen.

Das Schulschiff „Moltke“ der deutschen Kaiserlichen Marine wurde 1878 als Korvette gebaut.

Auch die „Stein“ wurde als gedeckte Korvette erbaut – 1880 auf der Werft A. G. Vulcan in Stettin. Mit ihrer Länge von 82 Metern und der Takelung als Vollschiff und dem Umbau zur Fregatte war sie ein Schwesterschiff der „Moltke“.

1883 war sie auf Ostasienfahrt und wurde anschließend außer Dienst gestellt. Schon im Jahr darauf wieder in Dienst, wurde sie eines der ersten Schulschiffe, teils auch Flaggschiff des Übungsgeschwaders der Kaiserlichen Marine.

Aus der Liste der Kriegsschiffe 1908 gestrichen, wurde „Stein“ Wohnschiff in Wilhelmshaven, 1920 schließlich abgewrackt.

Die Kreuzerfregatte „Stein“, Baujahr 1880, war ein Schwesterschiff der „Moltke“.

Die Reederei F. Laeisz in Hamburg wurde 1839 gegründet und ist heute noch ein erfolgreiches Unternehmen. Berühmt wurde Laeisz wegen seiner schnellen Segler, den Flying P-Linern. Das erste Schiff, dessen Namen mit einem P anfängt, war die Bark „Pudel" von 1865. Auch „Plus" von 1885 war eine Bark, 69,1 Meter lang. Der berühmte Seefahrer Alan Villiers rühmt den Flying P-Liner: „Sie manövrierte wie eine Yacht und pflügte durch das Wasser wie ein Klipper."

Das Schiff wurde 1908 verkauft. Nach 48 Jahren in Fahrt streifte sie bei Åland einen nicht in den Karten verzeichneten Felsen unter Wasser und sank mit elf Mann der Besatzung.

Der Flying P-Liner „Plus" von 1885, eines der berühmten Schiffe der Reederei F. Laeisz.

Zur Ausbildung des seemännischen Nachwuchses dienten vor allem Großsegler, auf denen die Tätigkeiten vielfältiger und auch härter als auf den Dampfschiffen waren. Dieser Brauch wird heute noch auf den Segelschulschiffen der verschiedenen Kriegsmarinen geübt.

Das Deutsche Reich mit seiner in Aufbau befindlichen großen Flotte, die in Konkurrenz zur britischen entstand, brauchte viele tüchtige Seeleute, die auf den Schulschiffen geschult wurden. Hatte doch Kaiser Wilhelm II. verkündet: „Unsere Zukunft liegt auf dem Wasser."

Als Kreuzerkorvette wurde 1886 auf der Kaiserlichen Werft in Danzig die „Nixe" gebaut. Das 63,3 Meter lange Vollschiff mit einer Segelfläche von 1580 Quadratmetern war mit zwölf Geschützen bestückt. Die Reisen des Schiffs führten durch die Ostsee, nach Südamerika, Afrika, ins Mittelmeer.

1911 erfolgte die Streichung aus dem Register der Kriegsschiffe. Bis 1925 diente „Nixe" als Hulk, wurde zum Seeleichter umgebaut und 1930 abgebrochen.

Das 1886 gebaute Schulschiff „Nixe" der deutschen Kaiserlichen Marine.

Der 1886 in Glasgow gebaute Klipper „Balclutha" ist 91,5 Meter lang und als Vollschiff getakelt. Die Jungfernreise führte rund Kap Hoorn nach San Francisco. Fahrten gingen nach Kalifornien, Chile, Neuseeland, Birma. Von 1899 bis 1902 segelte das Schiff unter der Flagge von Hawaii, dann unter US-Flagge und war in der Lachsfahrt nach Alaska tätig. Seit 1904 in Besitz von Alaska Packers erhielt es den Namen „Alaska Queen". Ab 1933 außer Dienst, wurde der Klipper dem staunenden Publikum als Piratenschiff vorgeführt. 1954 begann die Restaurierung der „Balclutha". 1955 wurde das schöne Schiff zu seinem neuen Liegeplatz geschleppt.

Der Klipper „Balclutha", Baujahr 1886, liegt an der Fisherman's Wharf in San Francisco als Museumsschiff.

Das 75 Meter lange amerikanische Vollschiff „Pass of Balmaha", 1888 in Glasgow gebaut, wurde 1916 im Ersten Weltkrieg von „U 36" gekapert. Auf der Tecklenborg-Werft in Geestemünde wurde es zum Hilfskreuzer umgerüstet und erhielt einen Motor mit 1000 PS. Als „Seeadler" unter dem Kommando des berühmten „Seeteufel" Felix Graf Luckner versenkte es auf seinen Kaperfahrten 14 Handelsschiffe, deren Mannschaften verschont wurden. 1917 strandete die „Seeadler" auf Mopelia im Pazifik. Graf Luckner verdiente sich Anerkennung und Freundschaft seiner ehemaligen Gegner.

Die „Seeadler", ursprünglich ein Handelssegler, war als deutscher Hilfskreuzer das letzte Segelkriegsschiff der Geschichte.

Bei ihrem Stapellauf 1890 war die „France“ mit 110 Meter Länge das größte Segelschiff der Welt. Die Fünfmastbark aus Stahl wurde in Glasgow für die Salpeterfahrt nach Chile gebaut. Die Dampfwinden an Bord dienten zum Laden und zum Segelsetzen.

1897 hatte sie eine Kollision mit dem britischen Kreuzer „Blenheim“. Die Besatzung des Kriegsschiffs sah nachts die Lichter an Bug und Heck der „France“, konnte sich deren Länge nicht vorstellen und wollten zwischen den beiden Lichtern, die sie von zwei verschiedenen Schiffen stammend wähnte, hindurchfahren. Aber die „France“ der französischen Reederei A. D. Bordes war als ein stabiles Schiff mit Doppelboden gebaut worden und nahm keinen wesentlichen Schaden.

Auf einer Reise von England nach Südamerika kenterte 1901 der Fünfmaster in einem Pampero, einem Sturm, der aus Richtung der argentinischen Pampa wütete. Das Schiff ging verloren, die Mannschaft wurde von einem Segelschiff gerettet.

Eines der größten Schiffe der Welt, das nur mit Segelantrieb fuhr, war im 19. Jahrhundert die „France“.

Salpeter wurde für die Produktion von Schießpulver und Kunstdünger gebraucht. Für die Salpeterfahrt der Reederei Siemers in Hamburg entstand 1892 bei Blohm & Voss das 80,77 Meter lange Vollschiff „Susanna". Der schnelle Segler brauchte zum Beispiel 1903 vom Kanal bis Valparaiso nur 35 Tage, schaffte aber auch 1905 wegen der widrigen Winde die längste Umrundung eines deutschen Schiffs von Kap Hoorn – 99 Tage dauerte die Fahrt um die Südspitze Amerikas.

1913 strandete „Susanna" in dichtem Nebel beim Einsegeln in den Kanal in der Nähe von Bishop Rock. Die gesamte Besatzung konnte sich retten.

Die „Susanna" war ein 1892 gebautes Vollschiff für die Salpeterfahrt.

Der letzte Heringslogger aus einer einst großen Flotte, der noch in Fahrt ist, heißt „Vegesack“ und trägt die Kennung BV für seinen Heimathafen Bremen-Vegesack. Der 35,4 Meter lange Logger war 1895 bei der Bremer Vulcan A. G. gebaut worden. Bis zum Ersten Weltkrieg auf Heringsfang, dann mit Fracht in der Küstenfahrt tätig, wurde das Schiff, seit 1921 mit einem zusätzlichen Motor versehen, 1939 nach Schweden verkauft. Als „Nostra“ war es in der Frachtfahrt unterwegs und gehörte als Ausbildungsschiff einer Seefahrtsschule. 1979 kehrte der Logger an die Weser zurück, wurde restauriert und geht mit Gästen auf Fahrt.

Die BV 2 „Vegesack“ ist eine Gaffelketsch und seit 1895 unter Segeln in Fahrt.

Mit 111,6 Meter Länge war die „Potosi“ ein bisschen größer als die Fünfmastbark „France“. Ebenfalls eine Fünfmastbark, die an vier Masten Rah- und am Besanmast Schratsegel führte, wurde die „Potosi“ 1895 bei Joh. C. Tecklenborg in Geestemünde für die Reederei F. Laeisz gebaut. Dieser Flying P-Liner war schneller als jedes Frachtschiff seiner Zeit. Sein bestes Etmal betrug 379 Seemeilen. In der Chilefahrt eingesetzt, jagte sie oft mit Vollzeug rund Kap Hoorn. Nach dem Ersten Weltkrieg abgeliefert, fuhr die Bark als „Flora“ unter chilenischer Flagge. 1920 geriet sie, mit Kohle beladen, vor der argentinischen Küste in Brand und wurde zum Wrack.

Die „Potosi“, Baujahr 1895, war ein schneller Flying P-Liner der Reederei Laeisz.

Kaiser Wilhelm II. wollte das Deutsche Reich zu einer großen Seemacht machen, scheiterte schließlich mit seiner Großmacht-Politik und führte sein Reich in den Ersten Weltkrieg und in den Abgrund.

Als oberster Feldherr und Oberbefehlshaber der Marine war der Kaiser ein Schiffsnarr. Für 168 147 Goldmark ließ er sich 1899 in England eine 37,6 Meter lange Yacht bauen. In der Serie der Kaiseryachten war dies die zweite mit dem Namen „Meteor". Das Segelschiff, „a new dashing racing cutter of Britannia type", ein neuer schnittiger Rennkutter des Britannia-Typs, hatte als Vorbild die „Britannia", die sich der Prince of Wales, der spätere King Edward VII., 1893 hatte bauen lassen und mit der er viele Regatten erfolgreich absolvierte. Dem Kaiser diente „Meteor II" zu prunkvollen Ausflugsfahrten und repräsentativen Fahrten während der Kieler Wochen.

Als „Meteor III" in Fahrt kam, diente die Nr. II ab 1902 unter den Namen „Comet" und „Orion" bei der Kriegsflotte.

Seiner Majestät des deutschen Kaisers Wilhelm II. Yacht „Meteor II", ein englischer Renner, Baujahr 1899.

Bislang waren Öl und andere flüssige Güter in Fässern transportiert worden. Seit 1886 gab es die ersten Tankdampfer – noch unter Segeln – mit eingebauten Tanks. Die „Petrolea“ war in Schweden, der deutsche Tanker „Glückauf“ in England gebaut worden. Um 1900 gab es etwa 180 Tankdampfer in der ganzen Welt, das entsprach einem Anteil von 1,5 Prozent aller Handelsschiffe.

Der amerikanische Tankdampfer „Washington“, um 1900 gebaut und etwa 95 Meter lang, konnte auf den Antrieb von zehn Segeln nicht verzichten. Erst im 20. Jahrhundert, im Jahr 1905, ging der erste Tankdampfer ohne Besegelung in Fahrt.

Aber damit war noch lange nicht die Zeit der Segelschiffe zu Ende.

Der Tankdampfer „Washington“ fuhr um 1900 mit Dampf- und Segelantrieb.

Segelschiffe im 20. und 21. Jahrhundert

Das 20. Jahrhundert war die Zeit der großen Hoffnungen und großen Enttäuschungen. Der technische Fortschritt – in Industrie und Landwirtschaft, im Schifffbau und den anderen Verkehrstechniken, im Nachrichtenwesen – versprach eine bessere Welt für alle Menschen. Hunger und Not schienen überwindbar. Die Globalisierung, längst in Gang gesetzt durch Industrialisierung und Kapitalismus, nahm weiter an Fahrt zu.

Doch das Wettrüsten der großen Mächte hielt an, die Konkurrenz und Deutschlands Griff zur Weltmacht führten zum Ersten Weltkrieg. „Nie wieder Krieg!“ war danach die Losung. Doch es herrschte kein Frieden. 1933 wurde im Deutschen Reich Adolf Hitler die Regierungsgewalt übergeben. Viele Menschen, auch viele Deutsche wussten: Hitler bedeutet Krieg. 1939 begann Deutschland den Zweiten Weltkrieg. Danach wuchs wieder die Hoffnung auf Frieden – bis in unsere Zeit.

Die 1905 gebaute Viermastbark „Pamir“ war einst ein Flying P-Liner. Als Frachtschulschiff der Stiftung Pamir-Passat ging sie 1957 in einem Hurrikan verloren.

Schiffbau und Schifffahrt wandeln sich fortwährend. Nach dem Ersten Weltkrieg verdrängten Dieselmotoren die Dampfmaschinen in den Schiffen. Nach dem Zweiten Weltkrieg wurde der Atomantrieb für Schiffe erprobt und vor allem bei U-Booten und anderen Kriegsschiffen benutzt, fand aber keine weitere Verbreitung.

Während des 20. Jahrhunderts waren weiterhin Segelschiffe auf den Meeren der Welt in Fahrt. Nach ihrer Außerdienststellung blieben viele auch als fahrfähige Museums- und Traditionsschiffe erhalten und werden bestaunt als Zeugnisse der Schifffahrtsgeschichte. Gäste und Trainees sind an Bord solcher Schiffe oft gern gesehen.

Große Segelschulschiffe dienen heute wie einst der Ausbildung des seemännischen Nachwuchses der Kriegsmarinen. Einige Schulschiffe laden zu Kreuzfahrten ein.

Das Vergnügen, mit vollen Segeln über See zu jagen, ist so groß und so beliebt und nicht länger nur den Eignern von Segelyachten vorbehalten. Im späten 20. und im 21. Jahrhundert wurden eine Reihe von Kreuzfahrtschiffen unter Segeln gebaut.

Und nicht zuletzt aus ökonomischen und ökologischen Gründen hat die Segelschifffahrt eine Zukunft.

Das Fünfmastvollschiff „Preußen“.

Der größte aller Flying P-Liner war das Fünfmastvollschiff „Preußen“ der Reederei F. Laeisz. 1902 gebaut, betrug seine Länge 133,5 Meter, seine Segelfläche 5560 Quadratmeter. Das Schiff segelte in der Frachtfahrt nach Chile, Japan, in die USA. 1910 hatte die „Preußen“ im Englischen Kanal eine Kollision mit einem vorschriftswidrig fahrenden Dampfer. Beim Versuch, mit drei Schleppern Dover als Nothafen anzulaufen, strandete die „Preußen“. Über die Zeiten zerstörte die See das Wrack des einzigen Fracht-Fünfmastvollschiffs in der Geschichte der Seefahrt.

Die Reederei F. Laeisz kauft 1911 von der Anglo-American Oil Co. die Viermastbark „Arrow“, die 1902 in Glasgow gebaut worden war. Als Flying P-Liner „Parma“ segelte das 99,8 Meter lange Schiff bis 1914 in der Chilefahrt. Während des Ersten Weltkriegs lag die Bark in Iquique fest und wurde 1920 an Großbritannien ausgeliefert. 1921 wurde sie von Laeisz gekauft, zehn Jahre später an Alan Villiers und Ruben de Cloux verkauft, die mit diesem Klipper Weizenregatten zwischen Australien und Europa segelten. 1933 wurde der zweite Platz unter 271 Schiffen belegt. Nach einer Havarie wurde der Segler 1936 abgewrackt.

Die grafische Rekonstruktion zeigt die 1902 gebaute Viermastbark „Parma“, eines der schnellsten Schiffe seiner Zeit.

Zu den Klippern, den scharf geschnittenen schnellen Großseglern, die als Bark oder Vollschiff getakelt sein konnten, zählte auch die Viermastbark „Herzogin Cecilie". Sie wurde 1902 bei Rickmers Reismühlen, Rhederei & Schiffbau AG in Geestemünde, heute ein Teil Bremerhavens, gebaut. Das 94,5 Meter lange Schiff war der Stolz des Norddeutschen Lloyd (NDL) in Bremen und als Schnellsegler in aller Welt bekannt. Der Offiziersnachwuchs der Reederei wurde auf diesem Schiff ausgebildet.

Nach dem Ersten Weltkrieg gelangte „Herzogin Cecilie" in den Besitz des auf den Åland-Inseln ansässigen Reeders Gustaf Eriksson. Zu seiner Flotte gehörten zum Beispiel „Penang", „Pommern", „Pamir" und „Passat". Wie die meisten Schiffe des Reeders war „Großherzogin Cecilie" bis zum Zweiten Weltkrieg in der Weizenfahrt unterwegs. Von Südaustralien bis England brauchte sie etwa 100 Tage. Bei der Wettfahrt mit der schwedischen Bark „Beatrice" 1927/28 siegte „Cecilie". 1936 strandete das stolze Schiff und ging total verloren.

Die „Großherzogin Cecilie", Baujahr 1902, war Schulschiff und Weizenfrachter.

Das 1902 gebaute Vollschiff segelte unter französischer, deutscher und als „Suomen Joutsen“ unter finnischer Flagge.

Das 1902 bei Chantiers et Ateliers de Saint-Nazaire gebaute Vollschiff segelte als „Laennec“ in der französischen Salpeterfahrt. 1923 kaufte es die Reederei Hans Hinrich Schmidt, Hamburg, taufte es auf den Namen „Oldenburg“ und schickte es als frachtfahrendes Schulschiff auf Fahrt. 1928 wurde es nach Bremen, 1931 an die finnische Regierung verkauft. Mit einem Hilfsmotor ausgerüstet, diente es als Schulschiff „Suomen Joutsen“ (Schwan von Finnland).

Heute liegt das Schiff am Aura-Kai in Turku als stationäres Ausbildungsschiff der Seemannsschule.

Während die Ozeanriesen über die Meere der Welt dampften, die Klipperschiffe unter vollen Segeln die Ozeane querten, war die Zeit für die kleinen Segler noch lange nicht zu Ende. Die tüchtigen und schnellen Schoner der amerikanischen Ostküste dienten nicht nur als Yachten dem sportlichen Vergnügen. Als Schmuggler brachten sie während der Prohibition 1920 bis 1933 heimlich Whiskey von Kanada und Rum von den westindischen Inseln in die trockenen USA.

Als Fischereifahrzeuge waren die Schoner bis in die 30er Jahre des vorigen Jahrhunderts in Fahrt.

Die 25 Meter lange „Baltimore Arethusa“, Baujahr 1902, war ein typischer Gaffelschoner der amerikanischen Ostküste.

Die „Njord“ war ein 1908 in Bergen gebauter Heringsfänger, der zuletzt nur noch mit einem Stützsegel vor Norwegens Küste auf Fang ging. Nach der Außerdienststellung verlor das Schiff Aufbauten und Inneneinrichtung.

Von 1989 bis 1992 wurde es zu einem Zweimast-Bermudaschoner umgebaut, 2003 schließlich zum schmucken Dreimast-Gaffelschoner „Loth Loriën“, Heimathafen Amsterdam. Mit Gästen, die selbst gern an Bord Hand anlegen, ist das 37,6 Meter lange Schiff unter einer Segelfläche von 572 Quadratmetern auf abenteuerlichen Törns.

Aus dem Heringsfänger „Njord“, Baujahr 1908, wurde durch Umbau 2003 der Dreimast-Gaffelschoner „Loth Loriën“.

Das 63,7 Meter lange Schulschiff „Großherzogin Elisabeth“ des Schulschiffvereins in Elsfleth bringt bis zu 1010 Quadratmeter Segelfläche in den Wind. Ihre Vorgängerin gleichen Namens, Jahrgang 1901, liegt heute als „Duchesse Anne“ in Dünkirchen.

Die neue „Lissy“, wie der Dreimast-Gaffelschoner liebevoll genannt wird, wurde 1908 in Alblasserdam, Niederlande, als Frachtsegler „San Antonio“ gebaut. Seine Fahrten führten an die afrikanische Westküste.

Nach Umbau zu einem Motorschiff mit Hilfsbesegelung fuhr das Schiff zunächst unter schwedischer Flagge, hatte verschiedene Eigner und Namen. 1973 restauriert, segelte es als „Ariadne“ in der Kreuzfahrt.

Das Elsflether Schulschiff „Großherzogin Elisabeth“ hat eine lange und reiche Vergangenheit.

Das 91 Meter lange Schulschiff „Prinzess Eitel Friedrich", 1909 als Vollschiff mit einer Segelfläche von 1900 Quadratmetern bei Blohm & Voss in Hamburg gebaut, musste nach dem Ersten Weltkrieg an Frankreich abgeliefert werden. Unter dem neuen Namen „Colbert" blieb es ein Schulschiff. Als die Polnische Seefahrtsschule ein neues Schiff brauchte, ermöglichten 1929 die Einwohner von Pomorze mit ihren Spenden den Ankauf der einstigen „Prinzess". Zum Dank wurde das Schiff „Dar Pomorza" (Gabe von Pomorze) genannt. Während des Zweiten Weltkriegs ging das Schulschiff ins schwedische Exil und entging so der Gefangennahme durch die deutsche Kriegsmarine.

Nach dem Krieg kehrte es zurück, unternahm wieder Ausbildungsfahrten, zeigte sich bei maritimen Veranstaltungen und war in deutschen und französischen Häfen ein gern gesehener Gast. 1982 schied „Dar Pomorza" aus dem aktiven Dienst aus und ist heute ein Museumsschiff im Hafen von Gdynia.

Aus dem Schulschiff „Prinzess Eitel Friedrich", Baujahr 1909, wurde dank des Volks von Pomorze die „Dar Pomorza".

Die stählerne „Passat“, ein Flying P-Liner, der 1911 bei Blohm & Voss als Viermastbark für die Salpeterfahrt gebaut wurde, war 115 Meter lang und brachte eine Segelfläche von 4100 Quadratmetern in den Wind. Ab 1932 segelte die „Passat“ mit vielen anderen Windjammern wie der „Pamir“ für den finnischen Reeder Gustaf Erikson in der Weizenfahrt.

1951 wurde die Viermastbark nach Hamburg zurückgekauft und ging als Fracht-Schulschiff der Stiftung Pamir-Passat auf Fahrt. Nach dem Untergang der „Pamir“ 1957 wurde die „Passat“ aus der Fahrt genommen. Nun liegt sie als Veranstaltungs- und Herbergsschiff am Priwall in Travemünde.

Die „Passat“, Baujahr 1911, hat seit 1957 die Segel gestrichen und ist in Travemünde zu besichtigen.

Der heutige Dreimast-Toppsegelschoner wurde als andert-halbmastiger Fischlogger 1916 in Weert in den Niederlanden gebaut. Bis Ende der 40er Jahre ging der Logger auf der Doggerbank dem Heringsfang nach. Nach Deutschland vekauft, wurde der ehemalige Fischfänger 1960 um 40 Meter verlängert und auf den Namen „Helmut" getauft. Bis in die 90er Jahre war „Helmut" in der Frachtfahrt in Ost- und Nordsee unterwegs, fuhr von Hamburg nach Schweden und Leningrad.

Die heutigen niederländischen Eigner entdeckten die außer Dienst gestellte „Helmut" an der schwedischen Schärenküste und kauften das Schiff. Bis Mitte der 90er Jahre wurde es um- und ausgebaut. Jetzt ist es, auf den Namen „Mare Frisium" getauft, ein 52 Meter langer Dreimast-Toppsegelschoner mit einer Segelfläche von 634 Quadratmetern. Sein Heimathafen ist Harlingen, seine Fahrten führen durch Nord- und Ostsee. Als Charterschiff nimmt es bis zu 34 Gäste an Bord. Bei Tagestörns haben bis zu 80 Passagiere Platz auf der „Mare Frisium".

Aus einem Heringslogger, 1916 gebaut, wurde das Schiff zum Chartersegler „Mare Frisium" verwandelt.

Als „Elizabeth Bandi“ transportierte der 1919 in Gulfport, USA, gebaute Viermastschoner Holz. 1931 wurde der Segler nach Finnland verkauft, 1938 erwarb ihn der Hamburger Reeder Essberger und ließ ihn bei Blohm & Voss zur dreimastigen Bark umbauen. Als „Seute Deern“ (Süßes Mädchen) war sie als frachtfahrendes Schulschiff in Dienst. Nach 1945 wechselte sie die Eigner, war Restaurant und Jugendherberge, lag in Holland und in Emden. Seit 1966 hat die „Seute Deern“ eine neue und endgültige Heimat gefunden. Das 75,7 Meter lange Schiff liegt im Museumshafen beim Deutschen Schifffahrtsmuseum Bremerhaven.

Von 1919 bis 1966 in Fahrt, ist die „Seute Deern“ heute ein Museumsschiff.

„Magdalena Vinnen“ hieß die stählerne Viermastbark, die 1921 bei Fried. Krupp AG/Germaniawerft in Kiel gebaut wurde. Das 117,5 Meter lange Schiff fuhr unter 4150 Quadratmeter Segelfläche für die Reederei F. A. Vinnen in der Frachtfahrt nach Südamerika und Australien. 1936 vom Norddeutschen Lloyd gekauft, wurde es als „Kommodore Johnson“ ein Schulschiff.

Nach dem Krieg wurde es 1945 an die Sowjetunion übergeben und erhielt den Namen „Sedov“. Als Schulschiff der Staatsfischereiakademie Murmansk nimmt es bei seien Reisen auch Gäste an Bord.

Das russische Schulschiff „Sedov“ war einst ein deutscher Frachter und ein deutsches Schulschiff, Baujahr 1921.

Als letzte frachtführende Viermastbark wurde 1926 für die Reederei F. Laeisz auf der Werft Joh. C. Tecklenborg in Wesermünde, heute ein Teil von Bremerhaven, die 114,5 Meter lange „Padua“ gebaut. Sie war mit ihrer Segelfläche von 3400 Quadratmetern ein schnelles Schiff und wurde in der Salpeter- und Weizenfahrt eingesetzt. Bei Kriegsende 1945 lag sie im Hafen von Flensburg fest. Als Reparationslieferung ging sie in die Sowjetunion.

Mit dem neuen Namen „Kruzenshtern“ nach dem russischen Admiral und Weltreisenden Johann Adam Ritter von Kruzenshtern geht das Schulschiff der Akademie der Fischereiflotte, Kaliningrad, seitdem auf große Fahrt.

Auf der Werft in Wismar wurde „Kruzenshtern“ 1993 gründlich überholt. Die Inneneinrichtung wurde modernisiert, um den Gästen aus aller Welt den Aufenthalt so angenehm wie möglich zu gestalten. Von 1995 bis 1996 segelte „Kruzenshtern“ auf den Spuren von Kruzenshtern rund um die Welt. Bei Großsegler-Regatten und anderen maritimen Veranstaltungen zeigt das Schiff Flagge.

Die „Kruzenshtern“, 1926 als Flying P-Liner „Padua“ gebaut, ist eines der schnellsten Segelschiffe der Welt.

Mit etwa 120 auszubildenden Seeleuten ging das Vollschiff „Deutschland“ des Deutschen Schulschiff-Vereins bei den Sommerreisen in die Ostsee, bei den Winterreisen nach Südamerika. Das 88,2 Meter lange Schiff war 1927 bei Joh. C. Tecklenburg im heutigen Bremerhaven gebaut worden. Im Krieg wurde die „Deutschland“ von ihrem Heimathafen Elsfleth an der Unterweser in die Ostsee verlegt. 1945 diente sie als Lazarettschiff in Lübeck, 1948 als Wohnschiff des Minensuchverbands in Cuxhaven. Dann war sie schwimmende Jugendherberge in Bremen. Heute ist der Segler nicht mehr in Fahrt, ist ein stationäres Ausbildungsschiff und zugleich ein Museum.

Die „Deutschland“, Baujahr 1927, liegt an der Weserbrücke in Bremen-Vegesack.

Seit 1927 segelt das Schulschiff „Sørlandet“ unter norwegischer Flagge. Das 65 Meter lange Vollschiff wurde dank einer Stiftung des Reeders A. O. T. Skjelbred in Kristiansand gebaut und ging auf Ausbildungsreisen. 1933 segelte „Sørlandet“ zur Weltausstellung nach Chicago. Im Zweiten Weltkrieg beschlagnahmten die Deutschen das Schiff, entfernten die Masten und benutzten es als Militärgefängnis und als Depotschiff für ihre U-Boote. Mit Spenden der norwegischen Bevölkerung gelang es, die „Sørlandet“ zu restaurieren. Seit 1948 geht der Fullrigger, das Vollschiff, wieder auf Ausbildungsfahrten, nimmt an Windjammertreffen und maritimen Veranstaltungen wie Hanse Sail oder Hamburger Hafengeburtstag teil. 1960 wurde in das letzte Schulschiff ohne Hilfsmotor ein solcher eingebaut.

1974 wurde „Sørlandet“ verkauft, weil die norwegische Marine glaubte, kein Schulschiff mehr zu bedürfen. 1979 kaufte die Skjelbred-Knudsen Rederi das Schiff und schenkte es der Stadt Kristiansand. Eine Stiftung, die Stiftelsen Fullriggeren Sørlandet betreibt nun den Segler als Schulschiff, das als Charterschiff Gäste an Bord nimmt.

Die „Sørlandet“, Baujahr 1927, ist ein Schulschiff.

Als Luxusyacht „Hussar II“ für den Geschäftsmann Edward F. Hutton wurde 1931 auf der Germaniawerft in Kiel eine 109,5 Meter lange Viermastbark gebaut. Vom neuen Eigner Joseph E. Davies, US-Botschafter in der Sowjetunion, erhielt sie den Namen „Sea Cloud“ und lag im Hafen von Leningrad, dann in Antwerpen und wurde 1942 an die amerikanische Coast Guard verliehen. Der dominikanische Diktator Trujillo kaufte die „Sea Cloud“ und nannte sie „Angelita“. Die Eigner und die Namen wechselten. 1978 entdeckte Kapitän Paschburg das Schiff in Colón, Panama, überführte es nach Hamburg, wo es als „Sea Cloud“ Eleganz und Schönheit wiedergewann.

Die „Sea Cloud“ von 1931 geht für Sea Cloud Cruises auf Reisen.

Bei Blohm & Voss in Hamburg wurde für die deutsche Reichsmarine ein 82,1 Meter langes Schulschiff gebaut, das nach dem Dichter und Seemann „Gorch Fock" genannt wurde. Die Bark wurde bei Kriegsende von einem deutschen Sprengkommando versenkt. Ein sowjetisches Bergungsteam hob 1947 das Schiff und baute es als Schulschiff „Towarischtsch" (Kamerad, Genosse) wieder auf. 1995 lag das Schiff in Newcastle fest. Die Eigner konnten weder Liegegebühren noch Reparaturkosten aufbringen. Der Verein Tall Ship Friends übernahm das Schiff und restaurierte es zur „Gorch Fock", deren Heimathafen nun Stralsund ist.

Das Schulschiff „Gorch Fock", Baujahr 1933, fuhr fast 50 Jahre als „Towarischtsch" über die Meere der Welt.

Die deutsche Marine, die seit 1935 den treffenden Namen Kriegsmarine führte, ließ 1936 bei Blohm & Voss die 89,7 Meter lange Bark „Horst Wessel“ als Schulschiff bauen. Namensgeber war der berüchtigte SA-Mann und Nazischläger, der 1930 zu Tode gekomen war. Das Schiff führte den Reichsadler als Bugzier.

Die USA übernahmen 1946 die Bark. Ein neuer Adler, das US-Wappentier, ist nun die Galionsfigur des Schiffs, das in „Eagle“ umbenannt wurde. Als Schulschiff der Küstenwache ist es in Dienst und nimmt an Regatten und Windjammertreffen teil. Mit einer Segelfläche von 2064 Quadratmetern macht es schnelle Fahrt.

Aus der detuschen „Horst Wessel“, Baujahr 1936, wurde zehn Jahre später die amerikanische „Eagle“.

Aus der deutschen „Albert Leo Schlageter", Baujahr 1937, wurde 1961 die portugiesische „Sagres II".

Das letzte Segelschulschiff der deutschen Kriegsmarine wurde 1937 bei Blohm & Voss gebaut. Die 89,5 Meter lange Bark war fast baugleich mit der „Horst Wessel". Es wurde auf den Namen „Albert Leo Schlageter" getauft, zu Ehren des rechtsradikalen Freikorpsoffiziers und Terroristen, der 1923 von den Franzosen standrechtlich erschossen worden war.

Nur wenige Ausbildungsreisen konnten mit dem Schiff durchgeführt werden, bevor mit den Schüssen des Schul-Linienschiffs „Schleswig-Holstein" am 1. September 1939 der Zweite Weltkreg begann.

Nach dem Krieg wurde „Albert Leo Schlageter" von den amerikanischen Streitkräften beschlagnahmt, 1948 an Brasilien gegeben und dort als Schulschiff „Guanabara" in Dienst gestellt. Als die portugiesische Kriegsmarine einen Ersatz für das alte Schulschiff „Sagres" brauchte, verkaufte Brasilien das Schiff an seine ehemalige Kolonialmacht. Die alte „Sagres" ist das Hamburger Museumsschiff „Rickmer Rickmers". Seit 1961 ist „Sagres II" als portugiesisches Schulschiff in Fahrt. Statt des ursprünglichen deutschen Reichsadlers als Galionsfigur ziert jetzt eine Skulptur Heinrichs des Seefahrers den Bug.

Nach einem Entwurf für Fischkutter aus dem Jahr 1936 wurden von 1947 bis 1952 auf 17 Werften in Mecklenburg-Vorpommern und auf einer Werft in Berlin über 360 Kutter des Typs D gebaut. Etwa 230 gingen als Kriegsentschädigung in die Sowjetunion. Ein Kutter, 1948 auf der Schiffswerft Sanitz in Barth gefertigt, wurde von 1985 bis 1990 zur Gaffelketsch „Albin Köbis“ umgebaut. Von Kiel aus geht die 24,5 Meter lange Ketsch mit Gästen an Bord auf Fahrt.

Albin Köbis war einer der Matrosen, die 1917 in Versammlungen für den Frieden demonstrierten. Er wurde wegen „vollendeten Kriegsverrats“ erschossen.

Aus einem Fischkutter, Baujahr 1948, entstand die Gaffelketsch „Albin Köbis“.

Das erste deutsche Schulschiff der Nachkriegszeit wurde auf der Warnow-Werft in Warnemünde 1951 für die Gesellschaft für Sport und Technik der DDR gebaut. Nach nur dreimonatiger Bauzeit wurde das 41,4 Meter lange Schiff mit einer Segelfläche von 570 Quadratmetern in Dienst gestellt. Nach dem ersten Präsidenten der DDR erhielt es den Namen „Wilhelm Pieck“. Als Schonerbrigg oder Brigantine ist es ein zweimastiger Segler, der am vorderen Mast Rahsegel trägt, am Großmast Gaffelsegel und dazwischen Stagsegel.

40 Jahre lang lief die schnelle Schonerbrigg als Schulschiff, auf dem tausende junger Menschen seemännisch ausgebildet wurden. Nach Auflösung des zweiten deutschen Staats erhielt die Stadt Greifswald von der Treuhand, die die Aufgabe hatte, das volkseigene und staatliche Vermögen zu privatisieren, die „Wilhelm Pieck“ zum Geschenk. Seit 1991 trägt das Schiff den Namen „Greif“. Immer noch ist es ein Schulschiff, eine Begegnungsstätte internationaler Crews und geht auch mit Passagieren vor allem in der Ostsee auf Fahrt.

Die Schonerbrigg „Greif“, Baujahr 1951.

Auf der Roßlauer Schiffswerft 1952 als Logger für den Fischfang gebaut, wurde das 50,2 Meter lange Schiff von der Volksmarine der DDR übernommen und als Tanklogger „Vilm" in Dienst gestellt. Als 1990 die Volksmarine mit der Marine der Bundeswehr vereinigt wurde, diente „Vilm" zunächst als Wohnschiff und wurde 1991 versteigert. Auf der Peene-Werft in Wolgast erfolgte der Umbau zur Brigg „Roald Amundsen", einem Zweimaster mit Rahtakelung, benannt nach dem 1928 verschollenen norwegischen Polarforscher. Der Ausbildungssegler des Vereins LebenLernen auf Segelschiffen e. V. unternimmt Atlantikfahrten und ist bei maritimen Veranstaltungen dabei.

Aus einem Logger, Baujahr 1952, entstand die Brigg „Roald Amundsen".

„Gorch Fock“, das Schulschiff der Deutschen Marine, wurde 1958 bei Blohm & Voss in Hamburg gebaut. Die 89,4 Meter lange Bark ersetzt die erste „Gorch Fock“ von 1933, die von 1947 bis 1995 als sowjetische und dann als ukrainische „Towarischtsch“ in Fahrt war und heute als „Gorch Fock“ ein Traditionssegler der Tall Ship friends ist.

Die neue „Gorch Fock“ (II) bringt 23 Segel mit einer Fläche von 2037 Quadratmetern in den Wind. Bei Flaute wird ein Dieselmotor in Betrieb genommen. Zu den Ausbildungsfahrten gehen bis zu 160 Kadetten und Unteroffiziersanwärter an Bord, zu denen auch junge Frauen gehören.

Die neue „Gorch Fock“ von 1958 hat im Marinestützpunkt Kiel ihren Heimathafen.

Der Ozeantrawler „Swi 180 Goplo“ war 1962 als Fischerei- und Mehrzweckfahrzeug in Gdansk gebaut worden. Als Expeditions- und Forschungsschiff war es weltweit im Einsatz – von den Falkland-Inseln bis zur Barentssee. 1990 wurde es zum Segelschulschiff umgebaut. Polnische Kadetten und junge Leute vieler Nationen erlebten das Abenteuer der Schifffahrt unter Segeln auf der 79,8 Meter langen Barkentine. Dieser Typ, auch Schonerbark genannt, ist nur am Fockmast vollgetakelt.

Inzwischen verkauft, fährt das Schiff mit einer Segelfläche von 2280 Quadratmetern als „Peace“ als Kreuzfahrtsegler unter der Flagge der Grenadinen für die Kings Lake Shipping Co. auf Malta.

Vom Forschungsschiff, Baujahr 1962, zum Schulschiff zum Kreuzfahrtsegler: „Peace“.

Der einstige Schlepper „Dierkow“, 1964 in Magdeburg gebaut, verwandelte sich nach dem Umbau 1996 in Amsterdam in den Schnellsegler „J. R. Tolkien“. Der 41,7 Meter lange Toppsegelschoner ist nun ein Schnellsegler. Das Wunder hat der Surfer, Bootsbauer und Kapitän Jaap van der Rest zusammen mit seiner Frau Anne vollbracht, die auch die Eigner sind. Der niederländische Bootsbauer ist ein Fan des Schriftstellers Tolkien und dessen „Herr der Ringe“ und hat schon die Neuschöpfung der „Loth Loriën“ vollbracht. Mit Gästen geht die „J. R. Tolkien“ unter einer Segelfläche von 628 Quadratmetern auf Fahrten in Nord- und Ostsee.

Der Schlepper „Dierkow“, Baujahr 1964, verwandelte sich 1996 in den Toppsegelschoner „J. R. Tolkien“.

Die Bark „Simon Bolivar" ist nach dem Freiheitshelden Südamerikas benannt. Sie dient der Ausbildung des seemännischen Nachwuchses der Marina de Guerra de Venezuela. Außer der Stammbesatzung von 92 Mann gehen 120 männliche und weibliche Kadetten auf Fahrt. Dabei lernen sie ihren Beruf kennen und erleben auf den Reisen, den internationalen Regatten der Großsegler und bei maritimen Veranstaltungen die ganze weite Welt mit ihren Ländern und Menschen kennen und pflegen die internationale Freundschaft zur See.

Das 82,4 Meter lange Schiff mit seiner Segelfläche von 1650 Quadratmetern wurde 1980 in Bilbao, Spanien, gebaut.

Die „Simon Bolivar", Baujahr 1980, ist das Schulschiff Venezuelas.

Ein Segelschiff der neuen Generation ist die elegante „Wind Star", die 1986 auf der Werft Ateliers et Chantiers du Havre in Frankreich als stählerner Viermast-Stagsegelschoner gebaut wurde. In den folgenden zwei Jahren entstanden auf dieser traditionsreichen Werft noch die zwei Schwesterschiffe „Wind Song" und „Wind Spirit".

Die sechs Segel an den 62 Meter über dem Wasserspiegel hohen Masten des 134 Meter langen Schiffs bringen eine Segelfläche von 2000 Quadratmeter in den Wind. Die Segel werden mit Hilfe eines Computers, der die Wind und Wetterverhältnisse berechnet, in Minutenschnelle gesetzt oder geborgen. Bei Windstille hilft ein Hilfsmotor, die „Wind Star" in Fahrt zu halten. Für die Bedienung des Seglers reichen 22 Besatzungsmitglieder. Bis zu 148 Passagiere gehen mit einem der Segler auf Kreuzfahrt durchs Mittelmeer, über den Ozean und in der Karibik. Jedes der Schiffe ist mit allem erdenklichen Luxus ausgestattet, zu dem auch eine Marina am Heck gehört. Die Schiffe von Windstar Cruises der Holland America Line Co. segeln unter der Flagge der Bahamas.

„Wind Star" von 1986 ist ein Segler der neuen Art.

In den 80er Jahren wurde in Polen auf der Werft Stocznia Gdánska eine Reihe von traditionellen Großseglern gebaut, die alle noch als Schulschiffe in Fahrt sind. 109,4 Meter lang bringen die Vollschiffe 26 Segel mit einer Segelfläche von 2771 bis 2936 Quadratmetern in den Wind. Es sind die polnische „Dar Mlodziezy", die ukrainischen „Khersones" und „Druzhba", die russischen „Pallada", „Nadezhda" und „Mir". Die „Mir" (Frieden) gehört dem Makarov-Institut in Sankt Petersburg. Mit den auszubildenden jungen Frauen und Männern, mit Trainees und anderen Fahrgästen geht sie auf große Fahrt, bei maritimen Veranstaltungen auf Tagestörns.

Bei den internationalen Windjammer-Regatten wie Cutty Sark Tall Ships´ Race, Baltic Sail oder Trans-Atlantic-Race ist die „Mir" oft das schnellste Schiff und erringt die Siegestrophäen.

Die „Mir", Baujahr 1987, ist eine von fünf Schwestern unter Segeln.

Die „Khersones“ ist eine der sechs Schwestern, die in Gdansk gebaut wurden und immer noch als Schulschiffe auf den Meeren der Welt segeln. Mit einer Länge von 109,4 Metern und 26 Segeln an den drei Masten zeigt der stolze Windjammer bei den Tall Ship Races, bei maritimen Veranstaltungen wie Hanse Sail oder Hamburger Hafengeburtstag Flagge. Es ist die der Ukraine. Eigner des Vollschiffs ist das Marine-Technologische Institut in Kherson.

Auch an Bord der „Khersones“ ist komfortabler Platz für Trainees und mitsegelnde Passagiere. Als Kreuzfahrtschiff und Abenteuersegler wird das Schulschiff von Inmaris Perestroika Sailing, Hamburg, betreut. Auch andere Großsegler bedienen sich der Hilfe dieser Institution. Denn die zahlenden Gäste tragen zum Erhalt und Unterhalt der kostspieligen Windjammer bei. Dafür erleben sie das romantische Vergnügen, mit vollen Segeln über See zu jagen, nehmen teil an Großsegler-Regatten und internationalen Hafenfesten. Und hin und wieder geht die „Khersones“ auf Weltumseglungen, umrundet Kap Hoorn und das Kap der guten Hoffnung.

Vollschiff „Khersones“ ist ein traditionelles Schulschiff.

Es war einmal das Feuerschiff „Kiel“, dessen letzte Station bis 1986 die Deutsche Bucht war. Nach der Außerdienststellung erlebte das feuerrote Schiff, Baujahr 1906, durch Umbau bei den Motorenwerken Bremerhaven 1988 eine Wiedergeburt als Bark „Alexander von Humboldt“ mit den charakteristischen grünen Segeln. Das geschah mit Hilfe von Sponsoren, wozu eine Bremer Brauerei gehört, deren Bierflaschen so grün wie die Segel sind. Durch Beck´s Anzeigenwerbung und TV-Spots kennt jeder dieses Schiff.

Als Training Ship der DSST Deutsche Stiftung Sail Training geht dieser „Windjammer für die Jugend“ auf Fahrt. Das 62,2 Meter lange Schiff wird durch 25 Segel mit einer Fläche von 1010 Quadratmetern angetrieben. Bei Flaute oder Windstille kann ein Hilfsmotor in Betrieb genommen werden. Die „Alex“, wie das Schiff liebevoll genannt wird, hat schon weit mehr als 30 000 jungen Frauen und Männern – auch bei Weltumseglungen – die traditionelle Seemannschaft mit ihrem einzigartigenTeamgeist zum großen Erlebnis gemacht.

Heimathafen der Bark „Alexander von Humboldt“, durch Umbau 1988 entstanden, ist Bremerhaven.

Die internationale Umweltschutzorganisation Greenpeace kämpft mit zum Teil unkonventionellen und spektakulären Methoden und Aktionen erfolgreich gegen die Verschmutzung der Erde und ihrer Meere, für den Schutz von Fauna und Flora. Die Greenpeace-Flotte besteht aus ökologisch gebauten und betriebenen Schiffen. Die „Rainbow Warrior II", Ersatz für den ersten Regenbogen-Kämpfer, der 1985 vom französischen Geheimdienst zerstört worden war, entstand durch Umbau des Nordsee-Trawlers „Grampian Fame". Das Greenpeace-Schiff mit seiner Länge von 55,5 Metern und einer Segelfläche von 650 Quadratmetern ist ein Gaffelschoner.

Die „Rainbow Warrior II", ein Greenpeace-Schiff, ist im Pazifik im Einsatz.

Zusammen mit den kleineren Schwestern „Wind Star“ und „Wind Spirit“ ist die 187,2 Meter lange „Wind Surf“ ein Großsegler neuen Typs. Der Fünfmastschoner bringt mit Hilfe von Computern seine Segelfläche von 2500 Quadratmetern minutenschnell in den Wind. Das Luxus-Kreuzfahrtschiff segelt mit bis zu 380 Passagieren im Mittelmeer, über den Atlantik, in der Karibik.

„Wind Surf“ wurde 1989 bei Ateliers et Chantiers du Havre als „La Fayette“ gebaut, als „Club Med 1“ in Dienst gestellt, 1997 an Wind Star Cruises der Holland America Line abgegeben und fährt unter der Flagge der Bahamas.

„Wind Surf“, Baujahr 1989, ist ein luxuriöser Großsegler des Computerzeitalters.

„Club Med 2“ von 1992 ist ein Luxussegler, der im Mittelmeer und in der Karibik kreuzt.

Das neue Luxusschiff des Club Méditerranée, die „Club Med 2“ wurde auch in Le Havre gebaut. Der 187,2 Meter lange Kreuzfahrtsegler, Baujahr 1992, ist ein Fünfmast-Stagsegelschoner mit einer Segelfläche von 2500 Quadratmetern. Die sieben Rollsegel – fünf Stag-, ein Besan- und ein Focksegel – werden mittels Computer gesetzt und überwacht. So kann sich die Besatzung von 200 Frauen und Männern weitgehend um die bis zu 392 Passagiere kümmern. „Club Med 2“ ist mit zusätzlichem Motor versehen und einer Anlage zum Krängungsausgleich. Das Schiff bietet seinen Gästen Restaurants und Bars, Fitnessräume und Spa, eine zum Meer offene Wassersporthalle und das große Vergnügen von Seefahrten unter Segeln.

Vorbilder für die beiden Luxussegler lieferte der berühmte Schiffbauer Donald McKay, der Mitte des 19. Jahrhunderts solche legendären Klipper wie die „Sovereign of the Seas“ gebaut hatte. „Star Clipper“ und „Star Flyer“ sind Zwillingsschwestern der Star Clipper Cruises, Monaco, Miami und Langenhagen. Die Viermast-Schonerbarken wurden 1992 bei Langerbrugge in Gent gebaut, sind jeweils 115,5 Meter lang, die 16 Rollsegel mit einer Fläche von 3365 Quadratmetern werden per Computer bedient. Die Besatzung von 70 Frauen und Männern sorgen dafür, dass die bis zu 170 Gäste Segelromantik mit allem Luxus genießen.

Die Zwillingsschwestern „Star Clipper“ und „Star Flyer“ von 1992 kreuzen auf allen Meeren der Welt.

Der Reeder Peter Deilmann aus Neustadt in Holstein, bekannt für das Traumschiffe namens „Deutschland“, ließ 1994 auf der Elsflether Werft an der Unterweser eine 74 Meter lange Barkentine mit 15 Segeln, Gesamtfläche 1200 Quadratmeter, bauen, die er „Lili Marleen“ nannte – nach dem Lied, das im Zweiten Weltkrieg die Soldaten aller Nationen in Friedenssehnsucht einte. Das Schiff symbolisiert, so Deilmann, „die Sehnsucht in aller Welt nach Frieden“.

Seit 2004 hat die schöne „Lili“ in Malaysia eine neue Heimat gefunden. Von hier geht sie unter weißen Segeln auf Kreuzfahrten durch die Inselwelt der Südsee und über die Meere der Welt.

Die schöne „Lili Marleen“, Baujahr 1994, ist eine Barkentine.

Der niederländische Kapitän Aent Kingma aus Stavoren hat einen rahgetakelten Zweimaster, eine Brigg, entworfen und 1994 auf der Werft von J. M. de Vries in Lemmer bauen lassen. Das mit aller Liebe bis in die Details gefertigte Schiff wurde auf den Namen „Aphrodite“ getauft. Die Galionsfigur stellt die Göttin der Liebe dar. Das 31 Meter lange Schiff mit seinem Klippersteven entspricht den Briggs aus der Zeit um 1850. Mit einer Segelfläche von 383 Quadratmetern ist die „Aphrodite“ auf Nord- und Ostsee unterwegs. Kapitän Kingma kann bis zu 32 Mitsegler an Bord nehmen, die in luxuriösen Kabinen wohnen, an Bord auch mit Hand anlegen können.

Die „Aphrodite“ von 1994 ist wie eine klassische Brigg gebaut.

Nach dem Vorbild der klassischen Klipper aus der Zeit vor und nach 1900 wurde die „Mary-Anne" als 65,9 Meter lange Barkentine von Herward W. A. Oehlmann aus Travemünde konstruiert, auf den Werften Radunia in Gdansk und Gebrüder Friedrich in Kiel gebaut. Das schnittige Schiff hat wie ein Klipper einen langen Bug und ein überhängendes Heck. Mit ihren 16 Segeln bringt sie eine Fläche von 960 Quadratmeter in den Wind und ist ein schneller Segler. Eine Barkentine, auch Schonerbark genannt, ist ein Dreimaster mit einem vollgetakelten Fockmast.

Ab 1997 war „Mary-Anne" für die Segeltouristik Meyer zur Heyde in Laboe in Fahrt. Bis zu 50 Passagieren bieten die komfortablen Kabinen Platz. Wer selbst Hand anlegen will, kann sich an den vielfältigen Arbeiten an Bord beteiligen. So wird eine Kreuzfahrt unter Segeln zum besonderen Erlebnis.

„Mary-Anne", die oft in der Ostsee unterwegs war, segelte ab 2000 in den Gewässern der Arabischen Emirate auf den Spuren Sindbads des Seefahrers. 2004 gelangte das schöne und schnelle Schiff unter die Flagge von Panama, 2006 wurde es auf Malta versteigert.

Die Barkentine „Mary-Anne" von 1997.

Die „Sea Cloud“, die elegante Legende unter Segeln, 1931 gebaut und ab 1978 überholt und restauriert, erfreut sich als Kreuzfahrtschiff im Mittelmeer, auf dem Atlantik, in der Karibik solch großer Beliebtheit, dass Sea Cloud Cruises, Hamburg, eine zweite „Sea Cloud“ bauen musste. Das neue Schiff hat im Traditionsschiff zwar sein Vorbild, ist aber kein Nachbau. So sind die beiden Schiffe keine Schwestern, vielleicht kann man sie als Cousinen bezeichnen.

„Sea Cloud II“ wurde 2000 bei Astilleros Gondan in Figueras, Spanien, gebaut. Sie ist 117 Meter lang, ihre 24 Segel ergeben eine Fläche von 2800 Quadratmetern im Wind. Ein Motor dient bei widrigen oder fehlenden Winden für Antrieb. „Sea Cloud II“ ist vom Typ eine Dreimastbark, vom Zweck eine elegante Luxusyacht mit allem Komfort und aller modernen Technik. Die Besatzung besteht aus 56 Frauen und Männern, bis 96 Passagiere gehen an Bord auf Kreuzfahrten in den Revieren der älteren „Sea Cloud“. Dabei erleben sie den Reichtum des Schiffs und die Romantik der Segelschifffahrt.

Die elegante und luxuriöse „Sea Cloud II“, Baujahr 2000.

100 Jahre nach dem größten Fracht-Fünfmastvollschiff der Welt, dem Flying P-Liner „Preußen", der 133,5 Meter lang war, entstand auf dem Merwede Shipyard in Rotterdam das größte Vollschiff der Welt. Die „Royal Clipper" der Reederei Star Clippers, Monaco, Miami, Langenhagen, ist unbestritten die Königin der Meere. Der Kreuzfahrtsegler ist 134 Meter lang, an seinen fünf Masten trägt er 42 Segel mit einer Fläche von 5202 Quadratmetern. Mit einer Besatzung von 106 Frauen und Männern und bis zu 228 Passagieren kreuzt die luxuriöse „Royal Clipper" auf allen Ozeanen der Welt. Mit allem Komfort erleben die Gäste die Windjammer-Romantik.

Die moderne Königin der Meere, das Fünfmastvollschiff „Royal Clipper" von 2001.

Als Ersatz für die ältere „Beluga“, die bis 1984 im Dienst von Greenpeace war, wurde 2003 auf der Fridtjof Nansen Werft in Wolgast nach den strengen Regeln des Blauen Engels, des Zertifikats für umweltschonende Schifffahrt, die Ketsch „Beluga II“ als Umweltschutzschiff gebaut. Die Ketsch, ein Anderthalbmaster, hat mit ihren sieben Segeln eine Segelfläche von 342 Quadratmetern. Sie kann mit ihrer Länge von 34 Metern auf allen europäischen Binnengewässern und an den Küsten eingesetzt werden. Bei Fahrten unter Brücken hindurch werden die Masten umgelegt. Ein Container kann an Bord genommen, als Labor oder Austellungsraum genutzt werden.

Das Greenpeace-Umweltschutzschiff „Beluga II“ ist ein Neubau von 2003.

Die Segelschifffahrt in Gegenwart und Zukunft ist gleichermaßen bestimmt durch neue Techniken und bewährte Traditionen.

Als Axel Brümmer und Peter Glöckner 2001 mit dem Fahrrad von Venedig „auf den Spuren Marco Polos“ nach Peking gefahren waren, wo der Venezianer 1271 in den Dienst des Kublai Khan getreten war, wollten sie die Heimreise wie er mit einem Schiff antreten. Ihr erster Kahn, eine chinesische Dschunke, kenterte im Sturm. Aus einer indonesische Pinisi entstand 2003 eine neue, 28,35 Meter lange Dschunke. Mit „Kublai´s Kahn II“ segelten die Abenteurer 2006 nach Vendig und Rostock.

Mit „Kubilai´s Kahn II“ von 2003 segelten Brümmer und Glöckner von Indonesien nach Europa.

Warum Tom Perkins, Eigner der „Maltese Falcon", sein Schiff nach dem Roman von Dashiell Hammet und dem Film mit Humphrey Bogart genannt hat, bleibt sein Geheimnis. Kein Geheimnis ist, dass das Dyna-Rigg, eine Erfindung des Hamburger Ingenieurs Wilhelm Prölss aus den 60er Jahren, Anwendung gefunden hat. Computergesteuerte Kontrollsysteme und die Fernbedienung der Rollsegel mit einer Fläche von 2396 Quadratmetern an den drehbaren Masten aus Kohlefaser sind charakteristischer Teil dieses 88 Meter langen Schiffs der Zukunft, das 2006 auf den Werften von Perini Navi in Istanbul und Tuzla gebaut wurde.

Die „Maltese Falcon" von 2006 ist ein Dreimastsegler mit Rah-Rollsegeln an drehbaren Masten.

Neue Ideen und neue Techniken bringen neue Schiffstypen hervor oder ergänzen die traditionellen und führen sie zur Vollkommenheit. Der Zukunft zugewandt, in der Gegenwart schon erfolgreich erprobt, ist das System der SkySails. Zusätzlich zum Motorantrieb, bei günstigem Wind diesen ersetzend, ist das neue System mit einem Zugsegel geeignet, die Treibstoffkosten eines Schiffs immens zu senken und damit auch den Ausstoß von Kohlendioxyd bedeutend zu verringern. Auf dem eigens 2006 in Hamburg dafür umgebauten 53,45 Meter langen polnischen Tonnenleger „Beaufort", Baujahr 1969, zog ein Zugdrachen am Teleskopmast das Schiff mit Windkraft über See. Der Zugdrachen hat eine Fläche von 160 Quadratmetern, seine Leinenlänge beträgt 269,3 Meter.

Weitere erfolgreiche Probefahrten wurden duchgeführt und überzeugten viele Schiffbauer und Reeder. Ab 2007 werden zunehmend Frachter und Superyachten mit dem SkySail-System von SkySails GmbH & Co. KG, Hamburg, ausgerüstet.

Die „Beaufort" ist seit 2006 das erste Schiff mit dem neuartigen SkySail-Antrieb.

Seit dem Yachtrennen um die Isle of Wight 1851, bei dem die Yacht „America“ die Trophäe in die USA holte, heißt der bekannteste Segelwettbewerb der Welt „America´s Cup“. Seit 1992 gibt es die Internationale America´s Cup Class (IACC), nach der die Boote eine Länge von 24 bis 25 Metern, eine Segelfläche von 320 bis 360 Quadratmetern haben. Weitere technische Daten geben die einzelnen Teams nicht preis.

Auch das Team Alingi aus der Schweiz, Gewinner des America´s Cup 2003, hütet die technischen Details seiner Yachten. Kurz vor dem Rennen 2007 stellte Alinghi wie die anderen Teilnehmer seine neue Racing Yacht „SUI 91“ vor. Bekannt ist nur, dass Ernesto Bertarelli, einer der reichsten Männer der Welt, sein Boot von Chefdesigner Rolf Vrolijk konstruieren und auf der Werft Décision in Vevey, Schweiz, bauen ließ.

Und bekannt ist auch, dass das Team Alinghi mit der „SUI 91“ den America´s Cup 2007 gewonnen hat und alle Anstrengungen unternehmen wird, ihn 2011 erfolgreich zu verteidigen.

Alinghi, Gewinnerin des „America's Cup“ 2007.

Bildnachweis

Horst Baerenz-Cao, Maler und archäologischer Zeichner, Offenbach am Main (10, 12, 27, 29, 49); **Alex Brümmer & Peter Glöckner GbR, Verlag Weltsichten, Saalfeld** (140); **Udo Christmann, Offenbach am Main** (34); **Club Med Cruises/Club Méditerrannée, Eschborn** (132); **Deutsches Schiffahrtsmuseum, Bremerhaven** (77, 92, 102, 103, 107, 116, 117); **DSST Deutsche Stiftung Sail Training, Bremerhaven** (129); **GEO, Hamburg/ Wieslaw Smetek** (37); **Dominique Görlitz/Verein für experimentelle Archäologie und Forschung e.V., Chemnitz** (8); **Greenpeace e.V., Hamburg** (130, 139); **Hanse-Koggewerft e.V., Bremerhaven** (31); **Heimatverein Papenburg e.V.** (80); **Uwe Jarchow, Atelier Jarchow, Bad Schwartau** (13, 15, 18, 25, 28, 30, 38, 39, 43, 45, 51, 52, 53, 55, 58, 62, 65, 68, 69, 74, 75, 82, 84, 88, 101, 104, 113); **Picture-Alliance GmbH, Frankfurt am Main** (6, 9, 20, 23, 47, 121 (Bodo Müller), 141, 143 (Laurent Gillieron)); **Schulschiffverein Großherzogin Elisabeth e.V., Elsfleth** (106); **Sea Cloud Cruises, Hamburg** (115, 137); **SkySails GmbH & Co. KG, Hamburg** (142); **Star Clipper Cruises, Langenhagen/PR Agentur Gyurok GmbH, Bad Harzburg** (Einband Vorder- und Rückseite, 133, 138); **Günther Todt, Marinemaler, Hamburg** (4, 33, 44, 57, 59, 70, 71, 72, 86, 91, 93, 95, 96, 98, 108, 110, 122); **Eberhard Urban, Offenbach am Main** (19, 94, 105, 109, 111, 112, 120, 123, 124, 127, 128, 135); **Verein Gaffelketsch Albin Köbis e.V., Kiel** (119); **Windstar Cruises/ Holland America Line Co., Bahamas** (126, 131).

Viele Bilder stammen aus verschiedenen privaten Sammlungen. Bei einigen Bildern konnten die Rechtsinhaber leider nicht ermittelt werden. Sollten Urheberrechte verletzt worden sein, bitten wir um entsprechende Nachricht an den Verlag.